古代は麻よりマコモが重要だった?!

あの世飛行士《木内鶴彦》

隕石落下と古代イワクラ文明への超フライト

木内鶴彦×
佐々木久裕×須田郡司

ヒカルランド

僕は、将来的には、
マコモが日本を救うのではないかと思っています。
なぜかといったら、電気の流れが第一だし、
人間の体を治すというのが第一ですからね。
だから、神社で使っているわけです。
神様の世界ですから。

木内

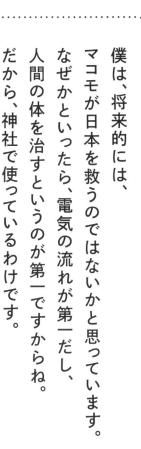

私は自称「巨石ハンター」と
言っております。
かつてはフォト霊師《だまし》と言っていました。
縁あって出雲大社に歩いて
5分のところに移住しまして
4年になります。
映像を見ていただきながら、
日本と世界の巨石の世界を
知っていただきます。

須田

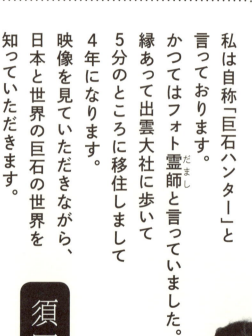

佐々木

星田《ほしだ》妙見宮《みょうけんぐう》は、
弘法大師空海が開基になっております。
空海が一番思ったことは、
今の方たちと同じように、
この世で私は何で
生きているのかということです。
この世とあの世、そして、大地と海と宇宙。
自分は宇宙のど真ん中にいるんだ。
その宇宙を知らなくて私はどうして
生きていけるんだ、宇宙というものの
真実は何なのかということを思われた。

カバーデザイン　坂川事務所
校正　麦秋アートセンター

目次

Part 1
死んで見てきたその未来はマコモ、アース、電池で生き残る地球だった!?――木内鶴彦 19

木内鶴彦とは何者か／まずプロフィールを語ります …… 109

南インド篇／弥生時代に日本にドラヴィダ人がやって来た!? …… 191

Part 3

映画『君の名は。』と星田妙見宮《ほしだみようけんぐう》と隕石落下で見えてくる未来
――佐々木久裕×木内鶴彦

本書は、２０１７年5月12日、7月9日、9月10日に都内で開催された講演をもとにしたものです。

Part 1

死んで見てきたその未来はマコモ、アース、電池で生き残る地球だった!?

木内鶴彦

2017年5月12日　ヒカルランドパークにて

死んで生き返って、4つ彗星を発見！

木内　彗星捜索家の木内です。よく「何屋さんですか」と聞かれるのですが、ただ死んで生き返っただけの人間ではありません。これまでに4つの彗星を発見しまして、そのうちの一つ、スイフト・タットル彗星が2126年8月14日あたりに地球とぶつかる可能性が高い。実はそこから始まって、1994年に国際会議を開いていただいたりして、いろんなことをやりました。

地球防衛宇宙構想ということで、「人工衛星を打ち上げて、恐らく地球上には要らないと思われる核の廃棄に利用しよう。太陽の近くまでそれを曳航していって、彗星の近くで爆発させる。そうすれば、軌道がわずかにずれるのではないか」という話もありました。でも、地球上の核ミサイルを全部集めたところで彗星の軌道を変えたりできやしないのです。人間のつくったものは、そんなものでしかないんですよ。太陽からの放射線はものすごい量が出ているので、同じだけの距離で計算すると、そこから出る放射線の量は、私たちが太陽から受けている放射線の量のそれこそ何億分の1になってしまう。核の処理には一番いい。宇宙空間（彗星軌道上）で核ミサイルを爆発させたときの放射線と太陽から出る放射線を比較した場合、地球から核ミサイルまでの距離と、これと同じ距離で太陽からの距離だと何億分の1になる。

海溝に捨てるという説もあったのですが、海溝に捨てられたら大変なことになります。地球の生態系を全然考えていなかった人たちが、そういうことを考えるのでしょうけれども、それをやった瞬間に地球はおしまいになってしまいます。

私の墓石は本当は天にある!?

私は、彗星捜索の業績が認められて、スミソニアン天文台から小惑星に「木内」という名前をつけていただきました。墓石になってしまいました。生きている間にお墓をつくると、長生きするという話もありますが、空を眺めたら私の星が見える。

皆さんはお墓を地面につくります。そうすると、「おばあさんは天にいますよ」と言って上を向いても、ウソになります。私の場合は本当に天にいます。火星の外側の軌道を、火星とともに動いています。将来、ぶつからないことを祈っています。一番危ない星です。

生死をさまよう現実を生きて、私は探し物をしている!?

何回も生死をさまようことは、体力的にも結構大変なのです。体力をつけるために、今、毎朝2キロぐらい歩くようにしています。そのぐらい歩いていないと、足腰が固まってきてしまいます。だから、筋肉をやわらかくする。

私は探し物をしているのです。生死をさまようということは、私にとっては本当に現実の話です。最近、脳科学の先生や物理学者も僕と同じような経験をして、同じような状態に陥って、別の世界の存在を認めるようになってきました。そういうことがわかってきたということは、これは虚構扱いしてはいけないということです。皆さんは地球で体を借りて生活しています。一生懸命生活しているのですが、何のために働いているのですか。みんなわからないのです。生きるために食っているのか、食うために生きているのか、どちらかよくわからない。そういうことをすごく考えさせられます。

死後の世界というのはよその話なのか、現実の世界なのか。皆さんは今、地球で生きているのですけれども、私たちはいろんなものを生産して、それを商品化して売っています。それで得たおカネで、まずは食い物を買うでしょう。それからだんだんぜいたくになって、着るものとか、クルマとか、いろんなものに移っていくのでしょうが、まずは食えなかったらどうしようもない。

消毒した食べ物を取り入れて、人間は腐らなくなっている!?

最近、殺菌できるようになって、食べ物の日もちがよくなりました。日もちがいいものを海外から輸入して食べるようになっています。ありがたいでしょう。消毒した食物が私たちの体の中に入ると、体内の菌が死んでしまうために、人間は死んだ後、その体を放っておいても腐らなくなるでしょうね。それで燃やしてしまう。本当は燃やさないほうがいいのです。人間も含めて、地球上で誕生して生態系をつくっている限りは、私たちの死んだ体は養分として土に戻らないといけません。私たちは生きていくために、植物や動物の養分をいただいて、おなかの中でこなれていくわけです。私たちはそうやって生きている。

死を体験すると、生きているとはどういうことかをずっと考えるようになります。それこそ無限大に生きるとしたら気持ち悪いでしょう。「あの人、まだ生きているよ」と、いろんなことを言われそうです。

何歳まで生きたいですか。そう聞かれても、死後がどういうものかわからないと、怖いですね。何が一番怖いと思いますか。これも、臨死体験を3回もすると、怖さがなくなります。同じ経験をした人は、物理学者であろうが何であろうが、臨死体験のからくりをひもといていきたくなる。例えば宇宙のからくりをひもとくのと同じように。

私は宇宙を考える「ノーテンキ」

私たちの宇宙の空間があります。その空間、「あいだ」は何なのでしょうか。何もないのでしょうか。みんな悩むでしょう。あしたのこととか、どこかに遊びに行くこととか、いろんなことを考えて、広い世界で物事を考えるというけれども、本当に「広い世界」と言えるのでしょうか。私たちのように宇宙を考えることをノーテンキと言うのでしょうけれども、私たちが住んでいる銀河系、銀河という星の集まりの恒星（自分で光っている星）、太陽とおぼしきものの量がどのくらいあるかなんて、生活の中では考えたことがありません。それが金や銀だったら別でしょうが、宇宙のことは考えません。

それはどのぐらいの量があるかというと、1立方メートルのますに砂を入れる。その砂の1粒1粒が星だと思ってください。その砂粒を平らにした量が私たちの銀河を形成している恒星の集まりです。その中の本当にみすぼらしい星が太陽かもしれません。

そういう中で生きている私たちは、一体何をしているのでしょうか。今、産業構造はいろいろあるけれども、最近、海水の温度が上がって北極の氷が解けるとか、南極の氷が解けるとか言われています。解けるとどうなるのか。気になる人はいますか。海の水かさが上昇し、モルディブが沈んでいくとかいろいろ言われているけれども、実際には「行って来い」になっているのです。地球の内部にもマントル対流というものがあって、溶鉱炉でもそうですけれども、そういうものが解けてくると皮ができてくるわけです。その表皮が私たちの陸地になっているのです。その上に重いものが載っても、そこだけ沈む。余り変わらないのです。

例えば南極大陸は、降った雪の重さで中に押し込められている状態だと、水かさはふえます。これが解けて流れ出すと、今度は軽くなるからプレートが浮き上がってきます。水の深さは同じです。

モルディブなどは島が流されそうだとよく言います。これは温暖化のせいだと。それは正しいのですが、温暖化によって南極や北極の氷が解けると言うと、ウソになります。水は太陽エネルギーを受けると温かくなり、熱膨張します。地球の赤道あたりのところは自転による遠心力も働いて、地球はグッとこういう感じになります。遠心力の中でそういうものがあると、島は流されてしまうかもしれません。こういうことを考えなくてはいけません。

異常気象を起こしている犯人は人間です！

今の異常気象というのは、一体何なのでしょうか。この間、赤潮が発生しました。赤潮はなぜ発生するのか。何か不吉な予感がする。天変地異が起きるのではないかと思う人、手を挙げてください。あれは天変地異でも何でもないです。野菜をいっぱいつくりたい国、赤い旗に大小5つの星が描いてある国が隣にあります。あそこの農業は化学肥料をたくさんまきます。それが雨に打たれて海や川に流れ出したときに、栄養過多になります。そうすると、海の中にいるプランクトンの栄養素に変わっていくわけです。プランクトンがものすごくふえて、その死骸が赤潮になります。

一つのコップには透明な水を、もう一つのコップには赤潮をくんで、日の当たるところに並べておいたら、どちらのほうが温度が上がるか。赤潮のほうが熱変換します。実は二酸化炭素と水は同じような性質がありまして、どちらも熱が加わったものを抱え込むのです。だから、自分が熱くなっていってしまうのです。熱膨張して海水の表面温度が高くなってくると、上昇気流が発生する。熱帯低気圧が発生して水蒸気をたくさん持ってきます。極地のほうには冷たい空気があって、それがちょうどいいあんばいにぶつかるところが日本列島のあたりです。

ということは、今の異常気象を起こしている犯人は人間ということになるのです。

人間が自分たちの生活圏をおびやかしておいて、自然現象のせいにしている。あるいは、太陽が異常な状態だとか、何かのせいにしている。これはおかしいです。

今、夜がずっと明るいですね。どうして明るいのですか。町明かりが明るいからですね。何で町をこんなに明るくしなければいけないのですか。昔、オイルショックの時代がありました。私たちが高校生のころです。オイルショックのころは、節電のためにテレビ放送も10時だか11時には全部やめたのです。あのころ、日本は火力発電でしたから、石油代が高いのでムダな電気を使いたくないということで節電しました。

日本政府は、かなり長い間をかけて、核分裂の熱エネルギーによってお湯を沸かしたらどうだろうかというほうに移っていった。今の原子力発電所です。これが稼働するようになるのですが、それがだんだんふえてきたのが1986年だったかな、ハレー彗星がやってきたころです。それまでは私の観測しているところから東京のほうを見ても、町明かりで山の稜線がシルエットとして見えることはなかったです。そういうものが見えてくるようになったのはそれからです。

なぜかというと、原子力発電所は途中でとめられないのです。火力発電所はとめられます。とめられないということは24時間使ってほしいということになります。それで、あのころしきりに世にもてはやされたのが「ライトアップ・キャンペーン」です。お城を照らしましょうとか、町明かりをもっとふやしましょうとか、あのころはなかったのですが、自動販売機は24時間いいですよとか、コンビニもいいんじゃないのと、とにかく電気を使ってもらうことが最良であるということになった。

夜の明かりで植物が枯れだした!?

そのころ、その明かりによって植物がストレスを感じて青枯れした。明治神宮あたりもそうだった。青いまま葉っぱが乾燥しているのです。握るとバラバラと崩れていってしまうという現象を、私たちは、国立天文台とともに観察しました。私たちは

「ライトダウン・キャンペーン」をやったのです。それは星の写真を撮って、空がどれだけ明るくなっているか、その明かりの中に何等星までが埋もれるかを調べました。もしかしたら小さいときに経験したかもしれませんが、夏になると、ある星座でどれだけ星が見えるかという検査をした人も多いと思います。あれを皆さんにお願いしてやってもらったのです。それで、植物や生態系に対してよくないということがわかってきて、それが盛り上がってきたときに、もうそれ以上言うなという、何だかよくわからない組織からのお達しが届くのです。でも、そのお達しの理由は言わなくても、皆さんわかりますよね。

都会はすでに酸欠状態

今地球上では、二酸化炭素を流出している。中国は石炭をたくさん使いますが、そういうものによって流出した二酸化炭素を、植物は酸素にまた変えてくれる。つまり、植物は体の幹をつくったりするのに、炭素成分が必要で、空気中の二酸化炭素を吸って、要らなくなった酸素は外に放り出してくれる。空気を浄化してくれるのです。そういう働きをする面積がむちゃくちゃ少なくなってきました。その結果、都会では本当は酸欠状態が始まっているのです。

僕は何年か前に朝一番の飛行機で沖縄に行こうとして、空港の出発ロビーにおりてきたときに、呼吸困難みたいになったのです。どうしてだろうと思ったら、外の風が吹いていなかった。大気が安定すると、重たいものは一番低いところに垂れ下がってくるわけです。二酸化炭素は酸素よりも重たいので、垂れてきた。だから、こういうふうにならないようにしましょうといういい事例だと思ったのですが、そういうふうに誰も解説してくれないというのが、僕は不思議でしようがなかった。僕は26歳ぐらいから、講演会でずっとこういう環境の話をしています。同じことを何度も各地で言っているのですが、ほとんどの人間は自分の考えを曲げないのです。

フロンガスは実は人畜無害だった⁉

フロンガスというのがありました。フロンガスは人工的につくられた冷却媒体で、実は人畜無害だったのです。今でも使ってもいいと思います。例えば電気の基板の洗浄をするのに、昔はフロンガスを使っていました。ところが、アメリカでそれにかわるフロンガスの研究が始まって、その売り込み合戦が起きた途端に、フロンガスがオゾン層を破壊して、紫外線が入ってきて、私たちの健康によくないという話が出てきた。びっくりしました。フロンガスが上空まで上がるのだったら別ですが、調べてみたらプロパンガスよりも重いのです。昔、クルマのエアコンのガス抜きをするときに、ピットという下に掘ってある穴から、手を突っ込んでガスを抜いたのですが、この中にいつまでもいてはいけない。中で窒息して死んでしまうからです。重いから上空まで上らないのです。

それなのになぜこんな話になったのかと思っていたら、たまたま上空で見つかったのではないかという話がありました。人工天体が軌道が終わって大気圏内に飛び込んできたとき、破裂して散らばるのだそうです。それが上から降ってくるところを見つけて、そういうことを言ったらしい。

筑波大学でその研究をしていて、そんなバカなことはあり得ないというので実験した結果、やはり全く安全でした。だけど、あのときの皆さんの運動の中で、フロンガスが犯人だということで、一切使ってはいけないことになりました。悔しいから、筑波大学でフロンガスにいろんなものをぶつけてみたけれども、害になるものは全然出てこなかった。これはどうしてくれるのでしょうか。

今は非常に危ないもので基板の洗浄をやっています。液体なんかで洗浄している。あれが流れていったら、飲み水の汚染が非常に怖いです。でも、それを決めたのはみんな私たちです。だまされたと言わないまでも、うまく乗せられたということです。

私たちの神様は藻／その藻をつくったのは微弱電流です⁉

ソーラーパネルというのもありますね。

生き物は細胞ができて、次の細胞がまたできてくるという循環性があります。それが生きているという証拠です。生物で最初にできたのは単細胞の藻《も》です。私たちの生態系の中で、神々と言われているものを助けるために、あるいはそれを守るためにそれぞれの生き物がいたとしたら、私たちの神様は藻です。藻が一番偉い。一番の新参者は人間です。新参者は、いろいろな先輩の生き物が生きていける環境づくりをしたり、お子守りをしたりしなければいけません。そうやって町づくり、村づくりをしていくのが本当の道筋です。

そのことを言っているのが、うれしいかな、私たちに古くから伝わるやおよろずの神様の世界です。私たちは昔からそれだけへりくだっているのですが、それが正解なんです。

一番最初にできた生き物は藻ですが、何が起きたのでしょうか。その藻のもとになる細胞をつくるためには、微弱電流が必要です。微弱電流が流れないと生命は誕生しません。細胞がつくれません。そこから始まって、栄養素を吸うとか、私たちが何かを食べるとか、そういったことになってくるわけです。微弱電流が流れる仕組みが、単細胞の藻の中にできたのです。そういった構成の中で、電子が足りない状態があります。それを補おうとして太陽の光や放射線のような光を受けると、電気に変える力がある。微弱電流が流れることによって、細胞ができてくる。これはすごいと思いませんか。私は生死をさまよって、これを見てきているのです。なるほど、こういうことかと思いました。

ソーラーパネルは未来を救いません!?

その藻の死骸の集まりが珪藻土《けいそうど》です。最初の藻のもとです。そういうものから始まってだんだん結晶化してくると、シリコンになる。それをさらに結晶化させていくと、ソーラーパネルみたいなものができます。しかし、ソーラーパネルを太陽の赤外線のほうに向けると、電気をつくりません。太陽に向けてはいけない。太陽の直近に向けなければいけない。そうすると、紫外線が乱反射しているので、そこの光量が大きいわけです。実験してみるとわかるのですけれども、ソーラーパネルは斜めから来た光は電気になりません。よく空から斜めに来た光で発電しますという絵が描いてありますが、ウソばっかり。かつて私は、そのウソの仕組みを真に受けて、それならレンズで大量の光が集められるはずだと思って実験したら、発電量が一気に落ちてしまったのです。

おかしいと思って、A4判の大きさのソーラーパネルを持ってきて、そこに煙突のような高さ1メートルぐらいの四角い筒をつくって載せて、電気の量をはかりました。

さて、どうなったでしょうか。これも実験しないと、皆さんの前でしゃべれません。やってみたら同じです。ということは、斜めから来た光は電気にならないということです。逆に言うと、ソーラーパネルがずっと上昇して、太陽の表面まで行ったとしたら、その面積分しかないわけです。それを直行する光といいますけれども、それしか電気になりません。レンズで集めればいいということではないわけです。

ところが、レンズや何かで光を集めることもできるじゃないですか。例えば、真っ平らできれいなソーラーパネルに雨が降ったとき、水滴ができます。水滴の下の面は平らで、上の面はレンズ状の弧を描きます。そうすると、周りから来た光がそこで屈折して、球面の内側でぶつかります。これは発電量がふえるのです。それを日本のＮＥＤＯ（国立研究開発法人新エネルギー・産業技術総合開発機構）とドイツの大学で研究したら、発電量が普通のソーラーパネルの40％増になったそうです。とんでもない発見ですよ。その技法は光学系といいまして、これを特許で押さえている人がいるのです。太陽光を光学系で集めたり、収れんしたりするという特許は取られているから、ビジネスとしては使えないのです。その会社を持っている人がやればいい。そのやるべき人が私なのです。そう、ただちょっと自慢したかったのです（笑）。

金属イオンを引っ張り出す／「太古の水」に秘められたメカニズム

この原理から考えていったときに、私たちの病気とは何でしょうか。体のメカニズムとして、菌が入ったから病気になる。全部漠然としていませんか。私は物理をやっている人間として、しっくりこないのです。

私たちはものを食べます。食べたものが胃袋でこなれて、栄養が腸から細胞や血管に吸収されますが、どうやって吸収されるのでしょうか。穴があいているのでしょうか。厳密に言うと、穴があいているのです。浸透膜という方式で、濃度の薄いほうから濃いほうの細胞に入っていって、細胞の濃度を薄くしてやって、隣の細胞に移っていく。だから、伝わっていくわけです。あるいは、血管に入っていってそれぞれの部位に運ばれていって、同じような現象が起きます。

その中で弱い化学反応が起きます。化学反応が起きるということは、生きているものには熱エネルギーが存在するわけです。それを放熱させないと、次から次へと燃焼が起きるから、もたなくなります。放熱する流れをつくらないと、新しい細胞がつくれません。細胞がつくられたら、反応したときに要らないものが出てきます。これは血管に戻って、腎臓に入って、おしっことして外に放出されます。

ここで、私が25歳のときに疑問に思ったことがあります。浸透圧で入って、濃度の濃いところで要らないものができたときに、どうやって外に出るのでしょうか。だって、濃度の濃いほうから薄いほうには出ないはずなのに、出ているのです。おかしいじゃないですか。出るメカニズムは何だろうか。いろいろ調べてみたら、私たちが生きている間に金属イオンとかそういうものを摂らないといけないらしいです。例えばコップにお砂糖を溶かしていくと、濃度が濃くなります。コップに水を入れてパチンコの玉を入れても、濃度は変わりません。でも、それがイオン化されていて、溶けているものとイオン化した金属が結合した場合には、どちらかというと金属の振る舞いをします。そうしたら、濃度と関係ないから、金属に吸着しやすい活性度の水を入れてやって、引っ張り出すことはできないだろうかと研究してつくったのが、「太古の水」です。病気で末期とか大変な方々は、金属イオンがあちこちにたまっているはずです。それを引っ張り出してくれます。

体の帯電をアースするにはマコモがいいかも!?

体の中にたまった放射能があります。放射能とは一体何でしょうか。ものすごくいろんなものが集まって、不安定な状態にいて、電子の振動を起こしているわけです。ラジオのアンテナと同じで、たまにパパーッと電波が出ます。これが放射線で、体に悪いわけです。これが揺れている間に電子として取り出して、アースしてしまうことはできないかという研究をしました。

そういうものに対しては何がいいか、いろいろ考えてみました。そうしたら、電子が1個足りないものが昔から存在しているなと思い至りました。珪藻土もそうだ。でも、土を食べるのもどうか。あれもきれいに精製すればいいらしいのですが。そうしていろいろ思いめぐらせているうちに、ちょっと待てよ、マコモは原始的なものだったな、と思って調べたのです。マコモを乾燥させて粉状にして、粘土みたいに練っておいて、ある金属に塗って太陽の光を当ててやると、ソーラーパネルみたいに発電します。あっ、これはすごい発電量になると思った。

マコモのお風呂というのがあります。最近、そのパウダーを売っています。あれに入ったことのある人はいますか。よくアースしないでお風呂に入っている人がいますが、これはダメです。アース線を出すのです。コンセントの真ん中にある緑色の線がアース線なので、そこにアース線をつないで浴槽に引き込むんです（他の電化製品が接続されていない場合に限る。他の電化製品が接続されていると、その電化製品が故障、感電事故を起こすおそれがあるため）。そうすると、体の中に帯電している要らない電気が外に放出、つまり放電され、循環が取り戻せるようになります。そのときに、活性水みたいなものを飲んでおいて、金属イオンを一緒に引っ張り出していけば、もっと可能ではないかと思っています。

今、研究はそこら辺まで来ていて、大分いい実績をあげています。ある漢方の薬学をやっている先生といろいろ話をしたら、そういうものをつくってくださいまして、今実験的に飲んでいますけれども、そういった不要なものが非常に薄れてくる。要するに、循環を取り戻してくると、変なおできからだんだん解放されていくのです。形が正常に戻ってくる。中でとどまってしまうと大変なことになってしまう。バチバチ電気を飛ばして、遺伝子を焼いてしまったりするのですが、電気の状態で引っ張り出して外に放電させることが一番いいのではないか。ネコなどの動物実験では非常によさそうです。

今、これを非常に有効に使われている方がいまして、おでき、によってもうじき寿命が来ると言われている人たちでも、薄れていくことがわかってきました。これはちょっとおもしろい。私の専門は星で、これは専門ではないので、それ以上、口は出せないのですが、メカニズム的に考えたら非常に合理的なやり方ではないかという気がします。

因幡の白ウサギのガマの穂は本当は「マコモ」だった⁉

昔、かの因幡《いなば》の白ウサギは皮を剝がれてしまったわけです。本当はサメにやられたのですね。その傷を癒やすには、細胞を再生しなければいけない。そのためには電気の流れをつくってやって、細胞を蘇生させなければいけないのですが、それを何でやったか。ガマの穂で治したと世に伝わっていますが、実はそうではなかったのです。

ガマの穂でないと絵にならないのですが、本当はイネ科のマコモでくるんでやった。チクチク刺さりそうですね。ガマの穂だったら毛みたいになっていて非常によさそうですが、それではなかった。大昔に既にそういうものがあって、それを食すると体の中の腸や何かにたまっているものを取り除くためには非常にいいということで出てきたのが、マコモだと思います。

出雲大社では、マコモがしめ縄として使われています。これが正解ではないか。最近はビニールになってしまっているのもありますが、あれは意味が全然わかっていません。麻や稲でやっていたりもするのですが、電子が1個足りない素材はまずマコモです。稲はまだない。太陽光のエネルギーを吸収して、光合成をすることで発電作用をしているのではないかと思うのです。そういうことを考えるとおもしろいですね。

１４０ミリの太陽から15メートル離れたところに１・３ミリの地球がある

生死をさまよったときに、こういうことを科学としてちゃんと調べてくる。変な言い方をすると、ちょっと怖い世界があります。カルト集団ではないかとか、そう言われてしまうのは悔しいのですが、見てきたものは現実の話です。それをちゃんとしたものとして分析していかなくてはいけない。見てきた世界もちゃんと調べていかなくてはいけない。

私たちが今住んでいるこの空間も、実はその世界と一緒なのです。皆さんは今、地球の産業構造、経済の上に乗っかっているけれども、地球の大きさはどのくらいか。比較対照はできないと思いますが、知っておいたほうがいい。

例えば、太陽の見かけ上の大きさはどのくらいですか。あれっ、太陽を見たことがないですか（笑）。夕日です。そう聞かれると、皆さん、わからなくなるでしょう。今度、子どもに教えてあげてください。5円玉は穴があいています。5円玉を持って、片方の目で穴をのぞいてください。のぞきながら、腕を思い切り横に伸ばす。その穴の中にちょっきり入るのが太陽と月です。これが見かけ上の大きさです。これが1メートルだとすると、目からの角度は1度の半分、30秒です。そうやって覚えてください。

それでは小さ過ぎてわからない。では、太陽に小さくなってもらいましょう。太陽が14センチ、140ミリだとしたら、地球の大きさはどのくらいでしょうか。今、私たちは地球の上に乗っかって生活しているんですよ。「この宇宙は俺のものだ」とか、偉そうなことを言っていませんか。そんなことを言っておいて、その大きさを知らない。この中にアメリカがあり、中国があり、日本列島がある。地球は1・3ミリです。140ミリの太陽から15メートル離れたところに、1・3ミリの地球がある。覚えやすいでしょう。この地球から38ミリ離れたところにあるのが月です。とりあえず今は太陽系の話だけです。隣近所の話をしているだけです。

そういったことも知らないで、皆さんはこれから死のうとしているのですか。地球の生態系がダメになってくる。壊すのは自分たちで壊しておいて、しかも、火星に移住するとか、真剣に考えているのです。「どうやって行くのですか」と聞いたら、スペースコロニーをつくって、それに乗って行くというのです。スペースコロニーはどのくらいの速度が出るかわからないけれども、半年以上はかかると思います。半年以上、スペースコロニーの中で生活していくのでしょうけれども、その中にいる乗組員はどうすればいいのですか。三度三度の食事、出るものは出ます。飲むものも飲まなければいけません。その中でどうやって生活するのですか。NASAの研究者たちに聞いたら、その中に地球と同じ環境をつくっていくと言うのです。えっ！　地球と同じ環境をつくるんですか。そのほうが大変だと思いますよ。だったら、今の1・3ミリの地球を直したほうがいいんじゃないですか。私はそう思うのです。

私たちはこの地球という引力の中で、しかも、そのエネルギーの循環性の中で誕生して、存在しているわけですから、その中が一番いいに決まっているわけです。今こういう大変な状態にしたのは誰ですか。人間でしょう。生死をさまようと、そのことをやたら見せつけられるわけです。死んでからツンツクツンされる。「おまえらがこういうことをした。もう一回生き返って、やってこい。卒業させてやらない」と言われるのです。

人間界は、ある意味ではゲームみたいなもので、かなりの苦難を与えられます。それを皆さんが力を合わせて乗り越えることが、生きている喜びなのです。亡くなると、そういうことができなくなりますね。つまらなくなってしまう。またどこかの星に行って、どこかを壊していくのでしょう。そして反省して、またつくり上げていくということをやっていくのでしょう。

おカネ儲けで追いかけっこ／今地球は「火の車」「自転車操業」まっただ中

今、この地球を大好きな人はいますか。僕は大好きです。嫌いな人は、どういう理由で嫌いでしょうか。今の産業構造や経済システムはおカネを目的とした競争の場所です。本来、いろんな能力を持ち合わせている人間という動物の集まりでなければいけないのに、そうなっていないということは、誰かが儲かりほかの多くは儲からないというシステムをつくって、私たちはそれによってコントロールされているわけです。でも本当にそれでいいんですか。

エネルギーの問題もそうです。地球上のエネルギーは、太陽系である限りは、太陽のエネルギーを超えることはできません。ですから、太陽エネルギーを有効に活用するのが、地球の環境にとっては一番いいわけです。そういうことをちゃんと研究していけばいいのです。

我々の経済とか産業構造も、新たにもう一回考え直したほうがいいのではないでしょうか。今はおカネが儲からなければいけないために、そっちのほうで追いかけっこをしています。そういうことを昔から「火の車」とか「自転車操業」と言います。今そうなっていませんか。しかもそれで得たおカネで体に悪いものを食っているのです。

医食同源は壊れ、食べると体が病気になるこの世界って一体何!?

もともと食べるものは、本当に体にいいもの、私たちの体の病気を治すものだったのです。それがいつからか、食べると体が病気になるということが出てきた。何かおかしくないですか。親切にも、病気になる何かが入っているのです。それは腐りづらいものとか、消毒の薬とか、いろんなものが入っているのでしょう。

昔は冷蔵庫がなかったことを知っていますよね。私と同じぐらいの年の人たちは知っているはずです。山から流れてくる川から、田んぼに水を引く。そういう川でスイカを冷やしたり、あるいは井戸で冷やした。川で洗濯したり、茶わんを洗ったり、その上のほうでおしっこをしているやつがいたり、いろんなことがありました。水は3メートルも流れればきれいになっているなんてホントかいなと疑いつつも、ああいう雑菌にも勝てる体でした。

だから、O157になりにくい体質です。私たちの年代は、O157にやられている人が意外と少ないのです。若い人や子どもたちは免疫力がないけれども、私たちはタフです。私たちよりも年上の人たちは、もっとタフです。いろんなものを口にしている。昔は、おにぎりを割ると糸を引いていて、においをかいで、まだいけるかなと。梅のおにぎりだったら大丈夫なんてさんざん言われて、食った後で、どうもおかしいぞなんて、そういう経験は皆さんありますよね。私たちやその上の年代の人たちはそういうもので鍛えてきたのです。死なないですよ。しぶといです。

何が薬になっているかわからない。一番最初にフグを食った人はすごいと思うのです。あるいは、毒キノコを食った人。毒だと言うのだから、食った人がいるのでしょう。薬や毒は、そういう人たちが残してくれた私たちの財産です。

この間も山に行って山菜とりをしました。最高にいいです。てんぷらにして食べる。タラの芽とかおいしいです。ああいう文化を忘れていませんか。もう一度、そういうものが育ちやすいような環境づくりをしていくと一番いいのでしょうけれども、世の中の流れが、おカネがないと全て生活できないようにされているのが現在だと思うのです。そのままいってしまったら、自滅に走ります。最近の温暖化も何もみんな人災です。

地球の軸は、ずれてなんかいません／死んだからこそわかる世界

そうすると、変な人たちが出てきて、最近、地軸が曲がっているらしいと言う。地軸がずれている。本当に地軸がずれていると思う人、手を挙げてください。地球の回転軸は絶対にずれていません。なぜかというと、私たちは毎日、それに合わせて星を追いかけているから、全然ずれていないということがよくわかるのです。ただし、真《しん》

北《ぼく》でなくて、磁北は常に5〜7度ぐらいのずれがあります。でも、ああいうことはあえて言う必要性のないことなんです。ずれたら何がどうなるという科学的説明をせずに、「だから地球の環境がおかしい」と言う。それは違う。地球環境は人間が壊したのです。私たちは今、地球の再生を図るために、産業構造や経済システムをもう一度考えなくてはいけない。

これは死んでみて初めてわかったことです。私はわかっているから皆さんに説明しているのですが、これから皆さんが死んだら、僕と同じように生き返るとは限りません（笑）。僕は帰されたけれども、帰してもらえない場合も多い。そこを考えてほしいのです。

タヌキのため糞／生命の栄養素循環のからくり

まず、地球上で生きるものの栄養素、生命の栄養素はどこにたまるか知っていますか。海溝です。そこにいるプランクトンや深海魚がそれを食して、自分の体に変えていきます。それをまた中層の魚やサメなどが食べます。それをまた回遊魚が食べます。

さて、その前に聞きたいのですが、山に木が生えていますね。山の頂上の木の栄養はどこから来ているのですか。考えたことがないでしょう。不思議じゃないですか。栄養素がないのにどうして木が育つのでしょうか。

そのからくりを説明します。回遊魚の中に、淡水でないと卵を産まない種類の魚がいます。ウナギもそうだし、サケとかマスもそうです。川を遡上して産卵します。卵を産んだ後、自分たちは死んでいく。そしてその身を山のタヌキやキツネの餌にしてくれるのです。我々もおこぼれをもらうことがあるかもしれません。タヌキや熊は、それを山にくわえていって食べるのです。食べた後、糞尿をします。ああいった動物は、大概同じところにお手洗いをつくります。そういうところに枯れ葉が落ちたりして腐っていく。魚の骨もある。それで窒素、リン酸とか、全て含まれた栄養素が山の中でできてくるわけです。

それは「タヌキのため糞《ふん》」と言われているのですが、これを観察したことがありますか。私たちは、そういう動物がそういうところに集まりやすいような村づくり、町づくりをしていくのが一番いいのでしょうね。それを促進する産業構造や経済システムにする。例えばコンピューターでお互いに連絡をとり合うとか、そういったものだけでいいのです。

それが過当競争になってしまったらダメです。必要な範囲でいいじゃないですか。ただ、それを追いかけているとどうしてもおカネだけを追いかけてしまうから、どんどん新しいものを開発して、またそこから出るゴミが大変なことになって、燃やすに燃やせなくなったり、それを分解するためにまた電気を使うとか、いろいろおかしなことになってくるわけです。みんな全く新しい産業構造や経済を考えていかないのです。せっかく昔の人たちが、そうやって言い聞かしているのに、それを守っていない。

売って何ぼの世界でなく、これを食べたら自分たちがどう健康になるか

頭の中で栄養素の流れのからくりが見えていないということは、既に地球で生きる資格を失っているわけです。そういうところには、申しわけないけど、これから先、あなた方は食っていけないという天罰が下るかもしれません。自分たちがつくってい

ないのだから、しようがない。そういうものをつくれる人たちしか、生き延びられません。化学肥料など、売って何ぼの世界ではなくて、これを食べたらどう健康になるか、自分たちの健康を取り戻すために食べるものをつくるわけです。それで食べるものが余ったら、お米や何かをみんなに販売してやればいい。そういう村をつくっていくのが一番いいと思います。それは売ることが目的ではないから、化学肥料やそういうものは入れません。最近、そういうものが入っている食べ物は皆さんも拒むでしょう。親切に消毒はしてくれているかもしれないけど、そういうものはちょっと……と。

生卵って、いつまで生卵でしょうか。昔は1週間ぐらいでした。有精卵をもみ殻の入った入れ物に入れて置いておいた。1週間過ぎてくると、だんだん手ができてきたりした。それでも食ったというのはすごいでしょう。そういうものを食った記憶があります。ゆでて食べたら、それはそれでおいしかったです。タイとかあっちのほうでも、ああいう中途半端な状態の卵を売っているんですね。

今売っているのは無精卵ですから、とったら最初から冷蔵庫に入れないといけない。有精卵は冷蔵庫に入れたら死んでしまうから、外に出しておかなくてはいけない。1週間以内に食べてください。それ以上置くと、羽が生えてきます。これ、知っている人いますか。最近、有精卵も冷蔵庫にしまっているのではないかという気がしてならない。冷蔵庫にしまったら、せっかくのいい栄養素を殺しちゃうのです。外の涼しいところに置いておく。そして1週間で食べ切らないといけないので、大量に買ってはダメです。そのかわり、化学物質を使っていないから、アトピーなどにはなりにくい。そういうニワトリのつくり方をしていかないといけません。

最近、私たちはいろんなものを食って、いろんな病気になります。あれは絶対におかしい。それでまた、製薬会社が利益を得られる形になってくる。何となく「やられているな」という気もするのですが、気のせいでしょうか。

これから先、大学に行く人も多いのですから、社会の循環性をちゃんと学んで、日本の発展した社会構造はどうやっていけばいいのかということをしっかり理解する。そういう中で、私たちの経済活動が存在するような物事の考え方をしていかなくてはいけないのではないでしょうか。

これからは麻よりもスサノオ、マコモ、アースです

神話の中で、スサノオはへっつい（かまど）の神様、火の神様と言われます。それから、暴れ神様で、大変な暴れ者であったと言われていますが、スサノオのモデルになった人はそうではなかった。私たちが生きていきやすいようなものをつくってくれた。例えばマコモをとって、それをうまく堆肥化させて、田んぼや何かにまいていくと、地電流の流れがよくなってきます。そうすると、作物のでき方が変わります。今では炭を入れたりすることもありますが、昔はそういう繊維を使ってやった可能性もあります。これから先、そういうものがつくれるかどうかです。

マコモ繊維を使った着るものも必要です。以前、僕は麻がいいと思っていましたが、麻よりマコモです。でも、マコモの繊維は細いので、うまくやらなければいけません。何かとまぜて、撚《よ》って、着るものにする。

私たちは生きていますから、必ず発電作用は起きています。皆さんは体から放電していないでしょう。だから、体に電気がたまる。放電するというのは、はだしで歩く

ということです。本来、動物ははだしで歩くものです。ペルーのクスコの人たち、帽子をかぶって、スカートをはいたおばちゃんたちの足元を見ると、靴を履いていません。あの岩場をはだしですっ飛んで歩いています。ちゃんと体をアースしているわけですね。

私たちはマコモを畳にまぜて、炭を打ってアース線でも引いておけば、体の状態をコントロールできる。アースをしないと、常に帯電している。だから、いろんな病気になりやすいのです。

失われた技術／昔こま犬は型枠の中に砂と石灰水を入れてつくっていた⁉

死を体験すると、本当にいろんなことを見せてもらえます。まず、そういったことは昔の科学として存在しているわけです。すごいですね。昔のこま犬は、砂を型枠《かたわく》に入れてつくっていました。今は石をカンカンとたたいてつくります。今度、よく調べてみてください。古いこま犬は型枠の中に入っている。雌型をつくって、その中に砂を入れて、石灰水を入れて、だんだん乾燥させるわけです。また石灰水を入れて、何回か繰り返していくうちに、石灰水はコンクリートみたいになりますから、中で固まってきます。型を外すと同じものがたくさんつくれます。そういう技術があったということを知っていますか。あの世に行ってみるとわかります。

生死をさまよって神おろしの場所（高天原）を知ってしまった!?

私が生死をさまよって見てきたことで、最近、大発見がありました。これを言うといろいろ問題も起きてしまうかもしれませんが……。天孫降臨の場所が鹿児島県の霧島にありますね。そこを高天原《たかまがはら》ともいいます。宮崎県の高千穂ではないかという説もあります。現代はそういう話になっていますけれども、実は5000年ほど昔の神おろしはそこではなかったのです。私は見てきました。その場所があるはずだとずっと探していたら、見つけました。鳥肌が立つようです。神々しくてすばらしいですね。そこで神おろしの舞をしてほしいというのが風切り音で聞こえてくるのです。よく何かが聞こえてくるのですが、日本語をしゃべっているわけではなくて、風切り音みたいな音で伝えてくる。それがそういうふうに訴えているので、一緒になって探した人たちと、今の世の中で、一回それをやらないとこれはおさまらないぞと話しています。植物とか、山を育てるとか、そういった理念を私たちは全部忘れてしまっているわけです。だから、本来のあるべき姿が必要で、それはものすごくシンプルでなければいけない。それを呼び起こさなければいけません。

その見てきた場所はどこにあったかというと、まだ申し上げるわけにいかないですが、いずれどこかで発表することがあると思います。それまでご辛抱していただきます。それまでは荒らされたくないので、ちゃんとした人を連れて、ちゃんとした調査をしてから公にしていくといいと思います。ここだ！　とすぐわかりました。なぜかというと、生死をさまよって過去に行っているわけで、見てきてしまったわけです。それを何年か前に経験しているわけですから、私の記憶の中では大分新しいのです。

いろんな説がありますけれども、後で聞いたら、そこは10年前に、そういうところではないかということがわかった。それまでは土着の人たちの中ではそういう噂はあったけれども、場所がわからなかったらしい。そこがやっと見つかったということで、見せていただいた。

生死をさまよわないと見えないものはたくさんあるのですが、その世界も現実なのです。今の私たちの体を借りている世界が現実かというと、死んだ世界で時間の旅をして歩くほうが、今となっては、僕の中では正解だという感があり、そっちに重心を置いています。嫌らしい人間なんだけど、人間界のものを見て、何を考えているんだろう、ああ、人間はこういうふうに欲望が固まっていくんだろうなと思います。結局は、自分たちがほころびの方向へのスイッチを入れてしまうのです。

500年前のペルーのクスコに目指すべき本当の未来の姿がある

今の産業構造や経済は、一生懸命稼いでも、稼いでも、株主が儲かることになっています。私たちは生かさず、殺さずで働かされているわけです。下手をすればサービス残業をやらされて、それを断れば次から来なくてもいいと言われてしまうわけでしょう。それは不合理だと思います。本当は人間は一人一人役割があって、この地球上に存在しているのです。

５００年ぐらい前、この地球上にそういう世界がありました。ペルーのクスコです。そのイモをつくる人、何をつくる人、つまり、一人一人、能力の一品持ち寄りです。その価値は平等です。会社で流れ作業で同じ仕事をさせて、競い合わせることが正しいのではなくて、その人間の持っている能力で社会参加していくことが一番いいわけです。

お米をつくることが好きな人はお米をつくって、みんなに披露して自慢するということです。野菜をつくる人は野菜をつくって、みんなに披露して、自慢するということです。当然、自分の食べる分はとっておきます。そうやって、家を建てる人、山を育てる人、木材やら何やらを加工する人、漬け物をつくる人、布を織る人、それぞれ好きな人が一品を持ち寄る。皆さんに使ってくださいと出し合う場所は自由です。ここでは、見返りを求める必要性は全然ありません。提供することだけです。自分でつくったものを使ってくださいとみんなが出し合えば、求めなくても回ってきます。これが平等性です。人間の違いがその人の働きとしての平等性です。

植物や動物も、同じような顔をしたお猿さんも、それぞれ得意わざが違います。イノシシも、それぞれ全く同じことをしているわけではなくて、能力の違いがグループの中で生かされていて、平等性があるのです。人間も本当はそうでなければいけません。

人間には、地球の生態系のバランスを整えていく役割がある。そのために山を育て、動物たちが徘徊できるようにする。昔は、去年とれた食物で余ったものを山の神様に捧げました。これは、私たちはもう結構なので、ほかの動物たちにどうぞ、ということです。動物に食べさせると、動物たちが山からおりてこないから、そこで収穫しても襲われなくて済むわけです。昔はそういうことをやっていたのです。

ここはうちの畑、という線引きもしていなかった。そういうことをすると、そこだけしか守らないみたいなことになっていってしまう。食べるものはほかの動物たちがみんなドカンドカンやってしまうけれども、彼らもそれなりの役割があって生きているわけだから、損得に走ると、自分の家の畑だけ襲われたくないという考えになってしまうのですが、そうではなくて、動物たちの食べるものもとっておいてやる。そういった考え方を私たちは忘れていませんか。昔は貧しかったけれども、それをやっていたのです。

山菜とりも根こそぎとるわけでなくて、ここからここまでは来年の分としてとっておく。全部とってはいけないというのは約束です。マツタケを掘りに行って、こんなにあるからと全部とってはいけないのです。かさが開いてしまったらとってはいけないとか、いろんな約束ごとがあるのですが、皆さん、知っていますか。山で生きるには、そういうルールを守っていかなければいけない。山づくりをすればいろんな動物たちの栄養素、さっき言った糞尿かもしれないけれども、それが発酵して山から流れてくる。それがうちでつくっている山の木の栄養素になったり、畑や田んぼの栄養素になったりするわけです。それは私たちにとってはありがたいものです。私たち人間は、一番下でそういう働きをするから新参者なのです。

ナマコは直腸⁉　ヒルは血管⁉

細胞のでき方から考えると、単細胞ができ、海の中でいろんな動物がいっぱい出てきます。ナマコは何の役割があるのですか。何かに似ていませんか。ミミズのおばけみたいですが、あのつくり方は、もしかしたら私たちの体に伝授されているかもしれません。つまり、最初に単細胞から始まったいろんな種類の生き物の情報が、私たちの体を構成していると思うのです。むしろそう考えるのが当然です。では、ナマコは何のもととなっているのか。これは直腸でしょう。

口からお尻までの間に、小腸とか大腸とかいろいろ通ってくるけれども、あれはもともと外にあるものですか。それとも中ですか。あれは外だそうです。産婦人科の先生に聞いたら、最初のその辺がグチャグチャとできてきて、キュッとひっくり返るそうです。それでまたつくられていくんですって。外をつくって、ひっくり返して、またその外をつくっていく。

私たちの体にはよく似たものがいっぱいあります。血管は何か。僕は生死をさまよっているとき、嫌な夢を見たのです。それが僕を助けてくれた。冠静脈破裂ですから、血管が破れてしまったとずっと思っているわけです。夢うつつになったときに、夢の中に何が出てきたか。ヒルです。こっち側に入って、ずっと伸びてきて、ペタンとくっついて、ヒルのDNAが私の血管になってくれたのです。なるほど、もしかしたら意外とそうかもしれないなと思いました。

人類の誕生のとき、月はなかった!?

亡くなってみると、人間社会の歴史を外から見る形になりますね。生き物は私たちを構成しているのです。私たちが最後に誕生したから、その全てのDNAを持っているわけです。そして、人間という最終的な形になっている。なぜ最終的と言えるか。その経験からして、私たちは何かのショックによって体のつくり方が変わってしまっているわけです。

例えば、昔、大洪水があったと言われています。本当にあったのでしょう。では、月はいつからあったのでしょうか。私は星をやっている人間として、これは気になって仕方がなかった。私たち人間までを含めた生物の体内時計は、25時間だそうです。ところが、今1日は24時間、正確には23時間56分ですが、体内時計と合いません。その犯人となったのは、もしかしたら月かもしれない。月がないとして計算すると、25時間になるのです。だから、人間が誕生するまでの間は月がなかったのでしょう。その後に月がやってきた。そのときに大量の水をもたらして、多分地球の重力が若干変わった。そこで新たな生命体ができなくなってしまった。私たちが誕生した環境だったら生命は誕生する可能性が高いことになります。

月の海と言われるところ、ウサギさんのところは、望遠鏡で見るとクレーターの数が少ないのです。光っているところはクレーターだらけです。もしその黒いところに氷が張っているとして、宇宙を旅するとき、隕石が落下しても氷のそこまで到達しない。でも、火星の軌道に近づいたとき、太陽から来る太陽風によってその氷が解けて、一気に気化したらウワッと膨らむわけです。実際には、それは水蒸気として出てくるのではないか。それが地球の軌道と重なったときに、地球の引力によって吸い寄せられた可能性はないだろうか。そういうものを死んだときに見てみたい。

それで見てきたのです。そうしたら、ものすごく巨大な彗星が近づいてくるのです。「これは何だ」と見ると、月がないから、月になる星だったのです。なるほど、これが大洪水を起こさせたんだと思った。そのときは人類が既にたくさんいて、すごく発達した文明があった。すごい能力があるにもかかわらず、そういうことで新たな時代をつくらなければいけないから、文明は一回落ちていきます。そこからまたスタートします。だけど、教えだけはずっと残るわけです。なるほど、こういうふうになっていたのか、知らなかったなと思いました。

つくったのは自分⁉／「ノアの方舟」の回転構造

そのとき、私は船をつくって逃げようとしていました。どんな船を1年間でつくらなければいけなかったか。それを後には、キリスト教系の人たちが「ノアの方舟」と称するらしいのですが、本物はどういう格好だったか、皆さん知らないでしょう。笹船みたいな感じで、3カ所に回転するものがあって、その中に人や動物を入れておくと、船がどんな格好になろうが、そこだけは常に平衡を保てるつくりになっている。

そうやってつくったというのは自分で記憶がありますから、その時代、そこら辺で少し遊ばせてもらったのでしょうね。船の一番後ろのものすごく大きな松のような木に、「TK」と彫ってあります。50艘ほどつくったので、その中の何かが残っていて「TK」が見つかったら、僕がかかわった船だ。そういういたずらをすると結構わかりやすいのです。

あるいは、その年代の北斗七星の絵を描いておく。北斗七星というのは太陽系に近い太陽の仲間、兄弟星みたいなものですから、意外と近いのです。動きがそれぞれ速いから、北斗七星は今のひしゃくの格好ではなくて、昔は全然違った格好だった。未来に行くとまた変わっていきます。その年代の状態を知っていると、これは何年ごろのことだとわかるのです。それで調べたら、1万5000年前の北斗七星のイメージです。それって近過ぎないかなとずっと思っているのですが、天文学をやっている私が言っているのではなくて、生死をさまよった私が言っていることです。そこははっきりさせておかなくてはいけない。星をやってる割には変なことを言い出したと言われちゃうといけない。変なことであるのは百も承知の上でお話しさせてもらうと、そういうものであった。

一回トルコに行ったことがあります。ノアの方舟と称するものを見に行ったら、やはり1艘でなくて、何艘も沈んでいるのです。やっぱりこぶが3つありました。説明したとおりだったのです。船の格好なんかしていない。海がすごく荒れているから、いろんな格好になっても中だけは変化しないようにつくられていたはずです。それだけ文明が発達していたけれども、1年間ですぐにつくらなければいけないから、木を使った。

今の浜辺から2000メートル深いところが当時の海面でした。そこから上の海水がなかったと考えてください。ですから、その当時は引力は若干弱かったけれども、空気圧の層は厚かったわけで、気圧は1気圧ばかり高くなる。そういう状態でないといけなかったということがありまして、いろいろ計算してみたら、活性水を使うと細胞や金属イオンなども引っ張り出すことがわかってきて、未来の医療に使えるのではないかということで研究していた。それが25～26歳のころで、頭に入っているうちにどんどんやりたかったのです。それでできたのが「太古の水」です。

未来の医学は波動医学だった

「太古の水」の次に僕がやっているのは、いろんな病気のもとになる放射能や電気的なことも、放電させることによって私たちの体をかなりリフレッシュできるようになるというもの。いろんなことがわかってきたのです。未来においてはどういう医療が進むかというと、実は波動医学です。薬の化学反応によって電子の振動を促すのか、同調波で電子の振動を促すのか。やり方に違いはあれ、要は、電子の振動を促せばいいわけです。ただ、それがほかの細胞に害がないかどうか。害があれば、それが副作用というわけです。波動だったらいいので、外力で波を振動させる。

細胞の数はみんな一定だから、同じ数だけあるはずですが、体の大きさは違います。僕みたいに太っている人もいれば、痩せている人もいる。サイズがちょっと違ってきています。これでその性質、性格に若干ずれがあります。これは当然です。その人の身長に対する細胞の大きさを調べて、一番いい状態の波動を外から与えていくことによって、病気を治すことができないだろうか。

よその天体でもそうだけれども、ある天体にエネルギーを加えていくと、変異したものが吸い寄せられていって、壊れていくことがあります。体の中でも同じことが起きるのではないかということをずっと考えるわけです。将来は、そうやって健康な状態の細胞の周波数をそれぞれ調べて、MRIのように外から振動波を与えてやる。もし肝臓を病んでいるとしたら、そこの部分を何回か往復させることによって、そこが再生しないだろうか。そういった研究もこれからしていったらおもしろい。未来ではそういうのを使っているから、誰かやっているのでしょう。私はその専門家でないからわからないけれども、そういうものがたくさんあることは見てきました。

地球大好き人間の集まり／地球信仰宗教でいい

これからの未来は、原始的な世界に戻るのではなくて、精神的にものすごく進歩した知性の持ち主に変わっていかなければいけません。産業構造は今みたいに経済だけに特化しているのではなくて、地球全体の生態系が健康にならなかったら、人間の営みも健康になりません。ということは、地球の生態系も健康にならないということにつながるわけです。私たちは、そういうことをもう一回考えた産業構造や経済の国家づくりをすべきです。本当は（首相の）安倍さんに、そういうふうにしていったらどうでしょうかと一言言いたいんだけれども、今はそういう産業構造の世界ですから、株価で何ぼの世界で、何かやるとすぐ「カネになるのかならないのか」という話になってしまう。でも地球で生きるということはそういうことではないのです。これはすごく教わります。体の中のことも全てつながりが出てきて、さっき言った周波数によってそれぞれの個性が出てくる。

例えば、水は水素と酸素が結合しているわけですが、どうしたら結合するのでしょうか。火をつければいいとか、そんな単純なことではない。水素は小さい。安定しているときでも回転がすごく速いと思います。酸素はもっと大きくてゆっくりです。これだけ大きさの違うものが結合するというのはどういうことか。最大公約数という考え方で計算していくと、どこかで同じ数字になるところがあります。それを熱エネルギーとして考えていったときに、例えば１２００℃で結合すると水になる。逆に、１２００℃以上に温まっているところに水を入れると、水が水素と酸素に分裂して大爆発を起こす。その性質をもう少し掘り下げていくと、水を使ったエネルギーをつくれないかというところまで行ったり、いろんなチャンスがあいう世界から与えられるのではないか。専門家の人たちと手を組んで研究していけば、恐らくいろいろわかって進展しやすいだろうと思います。

そういうことが、まだまだ山ほどあるのです。そういうのを見てきているのですが、私の脳の範疇で果たしてどこまで伝えられるか。私は星のこと以外は説明がうまくできず、わかりづらいのですが、専門家の人たちと話をすると、専門家はそれを映像として頭に浮かべて組み立てることができると思います。そういうものだということがだんだんわかってきました。

今なすべきことは、地球の生態系を取り戻し、その環境を長く維持していくことを目的とした産業構造や経済システムを構築することです。まずこれが私たちの課題です。それがなかったら、次はありません。私も生きている限りはやっていこうと思っています。新しい社会をつくるというのには、そういう秩序が必要になります。どこかの宗教とかそういうのではありませんが、もしそういうのをつくるとしたら、僕は地球信仰宗教でいいかなと思います。地球大好き人間の集まりでいいんじゃないかと思います。

未来的には都会の工場の中で農業をやるようになる

最近、僕と同じような経験をされた物理学者やお医者さんが出てきたという話で、ちゃんと科学的に追究する集まりをやろうということで、去年、シアトルで1回目がスタートしました。去年は出られなかったのですけれども、ことしは出られたらいいなと思っています。

ただ行って帰ってきて、すごかったというので終わらせてはいけないと思うのです。

僕の場合は2回、3回があったから、余計それができたのですが、そういう意味では、見てきたものをちゃんと伝えなければいけないという思いがあります。それから、未来ではどんな世界が広がるかということも大切なことではないかという気がします。

未来について、よく昔のような農業とか産業構造に戻すことを考える人がいますけれども、それは全く違います。お米のつくり方も、もっと工夫しなければいけません。どういうことが一番いいか、これは私は専門でないので理解しきれていないところもあるのですが、厚さ5センチで畳1畳ぐらいの発泡スチロールに、ホールソーで5センチぐらいの穴を4列あけます。その5センチの穴にスポンジを入れて、そこに種もみを3個ずつ入れて、水の中に浮かしておきます。スポンジが水を吸い込んでいって、根が出てくる。あちらの世界で見たときには、これには田んぼ用の液肥を使っていたようです。そういう都会型の農業のやり方がある。

工場が潰れたときに、工場の中でそういう農業ができる。そのときにLEDとかそういうものを使わずに、太陽光を反射させながら、中に導入していく。なぜかというと、LEDと太陽光とでは、恐らくカロリー数が違うのです。LEDは電気を食わないということは、カロリー数が少ないのではないかという気がします。ですから、できるだけカロリーを得るためには、太陽の自然光が一番いい。そういうものを実験でつくってみたいのです。

もしそれが都会でできれば、都会は二酸化炭素のたまりやすい場所です。逆に言うと、植物がつくりやすい。空気をきれいに浄化してくれるわけだから、そういう工場に空気清浄機の意味合いを持たせることはできないだろうか。同時に、そこで取れたお米や何かを食べる。こういう室内農業、工業内農業というやり方も、これからは必要かもしれません。今の農家は売ることが専門になってしまっている。共同体をやっている人たちもいて、有機農業をやるというのもすばらしいのですが、お互いが売らないことには生活が成り立たないということになっています。でも生活とは何かといったら、まずは自分たちが食べることです。

山形県のある集落に行ったら、僕と同じくらいの世代層が、お米をつくっている最後の人たちでした。「これはどうするんですか」と聞いたら、「出荷するんです」と言う。「自分では食べないんですか」と言ったら、「俺らが食うわけにいかない。出荷しておカネにかえなきゃ」。「じゃ、儲かったおカネは何を買うんですか」と聞いたら、「スーパーへ行く」と。

それより何よりみんなで手分けしておいしいものをつくって、いい食材を使った「食べる処方箋」をつくるという考え方を僕は提案したいのです。都会のほうでは当然つくれない人たちも多いわけですから、それで余ったものはお裾分けをすると、そこで現金化されるじゃないですか。そういった考え方はできないのかなという気もするのです。そういう社会実験的な村がだんだんうまく広がっていくと、未来永劫、いい地球づくりができていくわけですから。

それと、さっき言った栄養の流れとか、そういうものを理解する。液肥には雑菌が入るからダメだというのではなくて、雑菌もどうやったら変えることができるかという研究も、今の近代科学の中では相当できると思うのです。そういうことをしないで、演歌の世界みたいな原始的な生活で、1反歩《たんぶ》（300坪）でお米をつくると、1年間1回で終わりです。あとは田んぼを遊ばせていることが多い。もったいないと思いませんか。

閉鎖された空間で、室内農業でいつでも新鮮なものを

同じ農耕面積で、建物の中で太陽の光を受けながら、1週間に1回ずつ種まきをし

て、1週間に1回ずつ刈り入れするようなローテーションシステムができたら、冷蔵庫も要らないし、ストックする場所も要らない。だって、常に新しいものを食べているわけでしょう。野菜もそうです。できたものを冷蔵庫にいつまでもストックしていてもしようがないわけで、将来的には、1週間ごとに新鮮なものが入ってくるように研究する。そのときの光は太陽光をうまく利用する。

ただし、部屋の中は、外から変なものが入ってこないように滅菌状態にしておく。なぜかというと、放射能が入ってくる可能性があるからです。それから黄砂、これは腹が立ちます。鼻の中やのどがガラガラして、こんないい声になってしまいました（笑）。本当にくしゃみがとまらなくなる。ＰＭ２・５に花粉がくっついてくるから本当に腹立たしいです。そういうものから身を守るためには、閉鎖された空間の中でつくっていくという工場内農業が必要なのです。

理想の養鶏、理想の野菜づくりはもうできている!?

この研究をずっとやってこられているのは、僕の知っている中ではキユーピーさんです。福島県白河市で40何年間やっています。どういう目的かというと、ニワトリが食べる餌から、全部自分たちの管理下で育てる。自然界で育てると何が入ってくるかわからないでしょう。そのための実験としてやっているわけです。あの努力はすごいです。そこには化学物質は入っていないから安全です。僕は見させていただいて驚きました。本当のことを言うと、そこまでこだわっているとは知らなかったのです。僕はキユーピーさんの手先ではないですが、そういう努力をされている企業があるということは理解したほうがいいと思いますね。

これからはそういったものが商品として出てくる。実はキユーピーさんでは野菜もいっぱいつくっているのです。それは袋に入っていて、そのまま食べられるのです。完全に無農薬です。菌もいません。それをホテルや何かに出荷するらしいのですが、とても安くできるんです。だけど、農協の原理があるから、農協の金額より高めにしておかないと怒られてしまうらしいのです。それは一応ルールとして守らないといけないということです。

種もみも何もかも売買の世界はもう終わり

今私たちは売ることだけを目的としているのですが、日本で稲の種もみを持っているところは意外と少ないらしいのです。持ってはいけないみたいなことを言われている人たちも多いらしいです。どこにあるかといったら、F1化しておいしくしましたということで、アメリカとかカナダにその権利があるのだそうです。私たちは純粋なものは食えない状態になっている。あの人たちの商売の中に入ってしまっているわけですね。そのルートに農協がしっかり入っているから、苗床をつくったのを売っているのです。それを買わされる。昔のように苗代をつくって育てることはしない。でも、今でもそれを意地になってやっている人たちもいますよ。こういうことをやっていかないと、だんだん廃れてしまうのです。そういう状況が非常に情けないと思う。

冷蔵庫をできるだけ使わなくするためにはどうしたらいいかといったら、ストックする時間を短くすればいいわけです。そのかわり、配送システムをよくする。野菜もそうだし、お米もそうです。そういうことができないかといったら、私たちはできるような気がします。多分未来では使っているのです。

太陽エネルギーの電池によるコードレス社会で世界は一変する

しかも、太陽エネルギーを使った電池の開発は、大分いいところまで来ていると思います。うまくいくと1年、2年もつような電池システムができるかもしれません。見てきた世界では使っていました。クルマも、工場のモーターの動力も、全てその電池で賄うのです。そのかわり、限界点が来ると電池を交換して、その電池はまた充電できるということになります。

そうなってくると、自然にコードレス社会になります。これはすばらしいことです。掃除機もコードがないほうがいい。最近はコンセントにはめて充電しておかなければいけないクルマがありますが、それも要らない。新幹線のパンタグラフも要らない。船もそういうもので動く。いろんなことを想像してみたときに、もしかしたら電力の世界が変わるかもしれませんね。

冷蔵庫も一回買っておくと、それでいい。例えば地震が来て、インフラがどうのこうのということについても、コードレス社会では、本線が切れたら全てが切れるのではなくて、それぞれ独立しているわけですから、その独立したものがそれぞれ使えるわけです。例えば電子ジャーが使えて、ご飯はとりあえず炊ける。そういう未来があるんですよ。これから皆さんがどう選択するかによって決まってきます。私が決めることではない。私は、こういうことがありましたよという話はしておかなくてはいけない。それを聞いた皆さんが、産業として興していくということです。そして、世界に向けていくということが一番いいんじゃないですか。

そうしたら、電気のないところでも生活できるし、いろんなところでいろいろなことができる。送電線が要らなくなる。頭に描いてみてください。そうしたら、どういう原理をつくればいいかが見えてくると思います。電池もどういうものがいいかというのが見えてくるような気がするのです。僕は専門ではないからわからないですけれども、これからもっと研究される専門家がいますから、そういうことを聞いただけでピンとくる人がいると思います。そういう人たちによって、日本から本当のクリーンな社会構造が始まればいいと思います。

発電するのは、太陽エネルギーが一番いいです。ゴミの処理は煙を出さない。密閉した炉の中で熱分解させてしまう。それを太陽光でやるのです。火をつけると酸素が必要になりますから、どうしても煙が出たり、いろんなものが漏れてくるでしょうけれども、太陽光だったら光ですから、密閉した中でやることができる。そういう研究は私がやらせてもらおうと思っています。

中東では燃料が枯渇している。だから、化石燃料でないエネルギーを使わなければいけない。転ぶ前に手を打っておこうということで、この間、サウジアラビアの王様が来日しました。僕に相談してくれたらいい話があるのですが(笑)。あそこの晴天率は99・何%もありますから、そこでやれば全然違います。そういうことを私はやろうと思っています。そこは私が生死をさまよって見てきたものの範疇ですが、私は農業や植物の専門家ではないので、それはまたそういう専門家の人たちとやって、それが皆さんにだんだん普及していくような形でやれたらいいと思います。

その中で、皆さんが「この仕事は自分に向いている」と手を挙げてもらえばいいのです。合わない仕事を我慢してやるというのは違います。「この仕事が三度の飯より好きなんだ」というのが一番いいわけです。そうすると、生きていく上において仕事がその人のストレスにならない。そういう社会構造ができていけばいいのです。

そして実際これができるんですよ。クスコでは500年前までできていました。ところが、スペインが攻めてきてから、だんだんおかしくなってきてしまった。金《きん》が置いてあっても、クスコでは価値がなかったんですって。お祭りのときの飾りでしかなかった。ところが、この金を見て喜んだのはスペインの人たちで、「これをあげるよ」とクスコの人たちが言ったら、最初は「こんなのもらっちゃっていいの」と思ったかもしれないけれども、もっと出せ、もっと出せとなり、しまいにはどこかにたくさん隠しているのではないかと、撃ち殺してまで持っていくということになったのは、今の金融システムと同じことです。向こうは親切で、「珍しいから欲しかったんだね」と思って金をあげたことが、いけないことになってしまった。人間は、それが始まるとそればかり追いかけるから、地球の生態系の環境などはどうでもよくなるのです。情けないでしょう。

地球はこと座のベガ・織姫星にどんどん近づいている!?

私には地球人としての誇りがあります。地球が大好きな人間として、地球の生態系のバランスをとる。さっきの宇宙船と同じです。15メートル先に1・3ミリの地球がある。これは宇宙船です。その環境をみんなで整えませんかと言っているだけです。住みやすい環境をつくっていきましょう。

私たちも太陽系とともに宇宙を旅しているのを知っていますか。一つだけ教えておきましょう。7月7日は七夕の日です。七夕星は、こと座のベガが織姫星です。今、私たちは織姫星に向かって飛んでいっているのです。織姫星もこっちに近づいてきています。そして織姫星も地球と同じような惑星を従えていることがわかっています。

国立天文台ハワイ観測所に大きな口径8メートルのすばる望遠鏡があります。人間の瞳の黒い部分は暗いと一番開くのですが、健康な人が一番開いた状態が7ミリだそうです。それ以上開いた人は、ご臨終の人です。それが8メートルになったと思ってください。そういった目で宇宙を見ると、そこには地球と同じ星があるかもしれない。

そういう観察を私は依頼されています。でも、この年になって大分くたびれてきたので、標高４０００メートルの観測所で生活をするのはちょっときついかなという気がします。

織姫星は我々に近づいてきているわけですが、いつごろすれ違うのでしょうか。私の計算では23万５０００年後です。これは近いのか遠いのか。私個人にとっては遠い話です。でも、人類史上から考えたらすぐです。そのときに、あちらのほうがすぐれていたらおもしろくないと思いませんか。私は地球人の誇りとして負けたくないのです。地球はこんなにすばらしい星なんだ。宇宙から見たときに、青い星である。こんなにきれいな星を残したいと皆さんは思いませんか。私は思っているのです。ただし、一人の力では何もできない。それぞれ、いろんな人たちの一品持ち寄りがなかったらできないのです。何でもかんでもできるという人は、何もできないというのと同じことですから、長けている人たちの集まりにならないと、一つのことになっていきません。

見て来たんですから可能です／能力一品持ち寄りに産業構造や経済を変えていく

　どこに人間の平等性があるか。違うことができることが人間の平等なのです。それが能力一品持ち寄りです。だから、そういう社会になれるような村をつくって、社会実験をしてみたいのです。そして、今政治をやっている人たちやいろんな国の人たちに、それが一体どういうものなのかを見せてやりたい。僕はそういうことをずっと考えているのです。それはあくまでも実験としてやるのですが、それを見た人たちが気がついたら、話は早いと思うのです。安倍さんは僕と同じ年です。同じような年齢の国会議員の皆さんも年をとってきたので、そういうことをやれるようになってきたのかなという気がします。政治家に、この辺で一回やってみようかと声をかけたいです。政治家だけでなく、当然企業もそうです。そこに新しい企業として起きてくるのが、太陽エネルギーを使った家電とかいろんなものです。

　ちょっと想像してみてください。実現するとは思えないことでしょう。でも、それは考えたらできるのです。未来にそれがあったということは、私たちの能力の範疇だと思います。やれるのです。ただし、一人では無理かもしれません。それぞれの知恵者が寄り集まったときに、一つのものをなし得るのだと思います。それが一品持ち寄りの社会です。

これは余り忙しいよと言って、おどかすような感じになってしまって失敗するといけないので、地道にやっていきましょう。若い人たちにいろんなことを教えている人がおられたら、生態系の話から、本来の地球の生き物の歴史とか、そういうことを若い人たちにしっかりと理解してもらった上で、産業構造や経済を考えてもらうようにしていったらいいんじゃないかという気がしてならないのです。そういうところだけはしっかりと押さえていきたいです。

体の中の電位の活動を活性化させるマコモは新たな医療につながる

僕が生死をさまよって見てきたものが世の中の役に立つということであれば、そのことかなと思います。僕は何でもできる万能の人間ではない。残念ながら平凡な人間で、たまたま3回も生き返ってしまっただけですが、興味を持ってあちこちのぞいて歩いた。絶対に必要なものがそれぞれの時代の社会にしまってある。要するに、岩に描いてあったり、いろいろな形でヒントが残っている。

マコモなんて、まさしくその言い伝えとしてあったのです。マコモは体の中の電位の活動を活発化させるために、けがとか打ち身とか、痛いものをどんどん排除していって、循環して、細胞を再生していく力があると思います。これが新たな医療につながっていくのではないかという気もします。

体の中のおでき＝金属イオンを引っ張り出す働きをするものを探せばいい

私たちの体の中に何か変なものができてきたら、そこでは何かが滞っている。それは金属イオンみたいなものがほとんどです。僕のいとこの旦那さんは、厚労省の技官として、巨大なおでき、俗に言うがんをどうしたら治すことができるか、いろいろ研究したらしいです。彼と何年か前に会ったときに、「太古の水」の話になって、「おまえのつくったあの水は何だ」と言われたのです。「あれはおしっこの中に金属イオンが出るじゃないか。どういう理由でつくったんだ」と言うから、「体の中の金属イオンは本来必要ないものですが、それがなかったら体の中にたまっているものを引っ張り出すことはできません。がん化したもの、おできは金属イオンが固まっているので、そこから引っ張り出してやれば、おできが縮小してくるのではないかという考え方もあるんだよ」と言ったら、「今これが最先端だぞ。おまえは幾つのころからこれをつくっているんだ」、「27～28歳からかな」、「おまえ、そのときつくったのか」と聞くから、「あのときそうあんたに言ったじゃないか」と言ったのですが、忘れられていました。だけど、ちゃんとできています。

そのほかに、最近ではもう少し進歩して、電気エネルギーをどうやって取り除くかをやっています。どこかに帯電すると、そこに血液が付着して、塊になってしまったりするので、その電気エネルギーをどうやって引っ張り出すかということです。

放射性物質を半減させるものもできている!?

福島では、放射能が畑にどんどん降ってきています。どんなに取っても、取っても降ってくるので、どうしたらいいか。そこで、放射能が降り注いだら、そのまま電気が外に放電される、アースされていく堆肥(?)をつくろうじゃないかと提案して、実験的につくってみました。これはまた非常によくて、調査の結果、畑の中では放射性物質が半減し、つくった作物の中にも含まれないことがわかりました。大根とかいろんなものでやってみました。こういうものをやってみて、初めて答えが出てくるわけです。そしてこれは完成しましたので、農家の皆さんにできるだけ安く配っていきましょうということで、やってくださっています。

私の知り合いに「その原理は植物だけでなくて、人間とか生き物はみんな一緒ですよ」という話をしたら、たまたま薬学の先生で漢方もやっている人がいて、その方が、だったらこういうものをつくれないか、ああいうものをつくれないかと言い出したのです。「それはそのとおりですけれども、私はそういう資格がないからつくれません。資格があるんだったら、先生、やってみたらどうですか」ということで、やってみていただいた。そうしたら非常にいい効果が生まれてきて、やっぱり間違っていなかったなという思いもあります。そういうものができるだけ多くの人たちを救うことになればいいと思います。

ただ、今のところ、そういうものをつくるのは製薬企業にお願いせざるを得ません。そこの部分がちょっと高いんです。そこをもうちょっと安くしてくれたら、非常に安い値段でやれるのでしょうけれども、それも徐々に展開していこうと思っています。どういうものかというのは本当は言いたいんですけれども、今は法律的にいろいろうるさいので、これ以上は言えません。でも大分助かっている人も多いようです。

いずれにしても、こういうことは自分で自分の身を守ることも考えていかなければいけません。食べるもので体を癒やすものはたくさんあります。昔から言われている漢方、和方、いろんなものがありますね。そういうものも私たちの体を癒やすものとして存在しているわけです。食べてぐあいが悪くなるものはちょっと違うと思います。それは商売が絡んでいるからです。野菜にしても何にしても、1週間で腐るものが1カ月腐らなかったら全部残らず売り切れるだろうみたいな話ではちょっと怖い。本当に新鮮なものをとって、すぐに食べる。それが一番いいやり方ではないか、未来に残せるものではないかという気がしてなりません。

質疑応答

フリーエネルギー

質問者A　将来的なエネルギーのことで、太陽光を使って、今よりももっといろいろな活用の仕方ができるというお話でした。最近、フリーエネルギーという言葉もよく聞きます。私はまだ余りよく理解していないのですけれども、太陽光に限らず、空気中にある電気エネルギー、そういうものを取り込んで発電を続けるのでしょうか。将来的に、電線などを使わなくても電気がつくれるときには、必ず太陽光が必要なのかというところがわからなかったのです。

木内　太陽光は完全にフリーエネルギーです。太陽光がなかったら、少なくとも我々太陽系に属するものは当然存在できないわけですから、そのエネルギーの傘下にあることは間違いないわけです。

そのほかに出てきているのが、昔の研究者テスラのテスラ・コイルとか、ああいった類いの静電気のものだと思います。彼の研究したすごいものが実際にあるのです。理論的な体系もすばらしいものを持っている。そういうものも否定してはいけない。原子力だけがエネルギーではないわけですから、当然フリーエネルギーはいいものです。例えば水車みたいなもので発電する水力発電とか、風力発電とか、そういったものもフリーエネルギーです。そういうふうに考えていくとわかりやすいかと思います。

質問者A　テスラ・コイルとかも断片的に聞いているだけなので、ちゃんとわかってないのですけれども、例えば「磁石がずっと吸いついたままというのも、空気中からエネルギーが供給されているから磁力がずっとなくならないんだよ」という言葉を聞いたときに、空気中にずっと供給できるエネルギーが存在しているということなのかなと思ったのですが。

木内　地球そのものが磁性体です。それは地球の内部で核とかマントルが動いている、その摩擦エネルギーによって生じる磁界です。その上に乗っかっているのが私たちです。私たちはそのエレキを受けて生活をしているのです。だから、そのエレキが変わってしまえば、体の調子も崩れていってしまいますね。そういうような意味合いです。

だけど、地球から脱出する習性はないんじゃないですか。だったら、地球の中で住みやすい環境をつくって、自分たちの病気を治したりするのも、もしかしたらその電気の流れを調整したり、金属イオンの出し入れをうまくしてやったりというのを促進すれば、一番いいんじゃないですか。

質疑応答

アースすることが重要な理由

木内　さっきも言ったけれども、私たちはものを食べる。食べて、分解して、反応させて、最後に残ったものがエネルギーです。細胞の中で栄養がエネルギーに変わります。エネルギー＝電力、弱い磁性体です。ただ、私たちは体からアースさせていないからいけないのです。中に帯電している。帯電するコンデンサーの役割をしているのが、もしかしたら昔から体の治癒に使われている経絡《けいらく》とか、ツボとか、そういったものになるのでしょうか。

昔、鍼《はり》を刺す先生がいて、ゼロ番という鍼をハリセンボンみたいに体中に刺してくれた。ちょっと薄暗いところでやってたんですが、その鍼にアース線を近づけたら火花が出るんです。あれは驚きました。そのとき、ものすごく楽になりました。「よっぽどエレキをため込んでいたね」と言われました。

質問者A　そうすると、放電するためにマコモが……。

木内　マコモ風呂とか、マコモを織り込んだ布団みたいなものがあれば一番いいですね。

質問者A　マコモ茶を飲むこともあるのですけれども、そういうものより身にまとうものがいいのですか。

木内　そういうときには、電気を通しやすいカーボンを敷いてやるとか、アース線を引いておかないと意味がありません。皆さん、アース線を引くのを忘れています。本当は、水道管の蛇口のところでもいい（アース線の引き方は「体の帯電をアースするにはマコモがいいかも⁉」を参照）。

質問者A　マコモ風呂なら、お風呂にアース線を引き込むのですか。

木内　例えば5円玉にアース線を巻いておいて、アース線の片方の端はコンセントの緑色のところにくっつける。5円玉を浴槽の中に垂らしておけば、中で放電作用が起きてきます。

昔、同じようなことで、地震を予知するというのでナマズの実験があったのです。僕が地震学会に行ったときに、そういう話をした。それで東京ガスかどこかで、地震予知のためにナマズを飼ったのですが、ナマズが暴れないのに地震が来たと怒られたのです。そこで私が「アース線を引いていますよね？」と確認したら、「アース線って何ですか」と言う。要するに、ナマズは水槽の中で地電流の変化を感じ取るのです。

アース線を入れていなかったら、感じるわけないじゃないですか。「今度から入れておいてくださいね」と言ったのです。

余計なことですが、ドジョウや魚を飼っている人がいたら、ちゃんとアース線を引いておいたほうがいいですよ。（地震が起きる前にドジョウや魚が）絶対に気持ち悪くなって暴れます。

参加者Ａ　海外だと必ずコンセントのところにアース線がありますけれども、日本では全てのところがそうなってはいないので、コンセントのところはかえておいたほうがいいですか。

木内　昔は地中の水道管は金属製だったので、それを利用してアースしていたのです。でも最近は、塩ビ管か何かを使っているので無理ですね。「それはアースされていますか」と聞いてみてください。洗濯機などを置くのだったら、絶対にアース線を引いておいたほうがいいと思います。

参加者Ａ　洗濯機や電子レンジなどのコンセントはもともとそうなっていますけれど

も。

木内　アースだけだから、そういうところをうまく利用して使えばいいですね。

質疑応答　大いに田舎づくりを

質問者B　田舎づくりはいいですね。大いにやってほしい。私もそういう仲間をあちこちで見つけて、やろうとしています。昔のお祭りが蘇らないといけない。先輩たちからいろんなことを教わる場が必要なんだ。科学的な作業は、みんなコンピューターにやらせればいい。僕の場合は、そう思っています。

木内　人間よりコンピューターのほうがはるかにそういう作業はすぐれていますから。

質問者B　そういうのを使えばいい。一緒に田舎づくりを大いにやりませんか。

木内　いいですね。私が一番やりたいのは、昔からあるような、田植えをした後におにぎりを食べるとか、おもちをついて食べるとか、漬け物とか、味噌づくりとか。

皆さん、味噌づくりだけはやって。味噌を食べるようにしてくださいね。体の中の電解液になる可能性もあるし、アミノ酸化されてくるとうま味に変わりますから、それが細胞をつくったりします。

昔の人はすごいですね。謙虚なんだけど、ちゃんと役を持っている。真田幸村の話を知っていますか。真田幸村は味噌を持って戦場に行くのです。お味噌がアミノ酸化されていると、傷口を治しやすい。おにぎりに味噌を塗って焼く。これがうまい。何とも言えぬいい味がします。ぜひやってください。

質疑応答　意識が3次元をつくる

質問者C　体外離脱しちゃったときに、宇宙人的な高度な生命体に出会って会話したとか、そういったことはありますか。

木内　私たちのほうが高度かもしれません。今、私たちが共有している3次元の天体を網羅し、そのもとになっている空間があります。それが意識だから、たかだか意識というものの中に、今の私たちの3次元があるわけです。そのものになってしまうわけですよ。一番高度なものは皆さんの意識です。

亡くなって肉体を離れたときに、ものすごく高度になりますよ。だけど、戻ってくると、脳のつくりが一定量だから、限界点があるわけです。それを入れかえ、入れかえしなきゃいけないから、僕なんかはいろんないたずら書きをしてきて、あれ、何だっけというところから思い出すようにしているのです。

皆さん全員が高度なものにつながっているのです。つながっている割には活用していない。自分の脳の範疇でしか生活していないでしょう。他人を軸に考えられないじゃないですか。自分が中心軸で、最上で、いろんなものを自分のせいにしないでしょう。例えば「僕は何に向いているかな」と人に聞いて、違ったら「あいつに言われた」とか言いませんか。宝くじを買ったときに、あいつに買わせたからいけなかったとか。人間なんてそんなもの、他力本願なんです。でも、そうじゃなくて、みんな自分の意識でやったということにならなければいけない。

意識は時間を超えているんです。本当に超えているかどうか、実験しましょうか。

右手を挙げてください。おろしてください。今、僕は「右手を挙げてください」と言ったけれども、何で動いたのですか。

参加者C　挙げようと思ったから。

木内　自分の意識で動いたでしょう。意識が時間を超えていないと、私たちの肉体という3次元で時間を超えられませんね。時間を超えたものがスイッチを入れないと、動かないわけです。では、今、何がスイッチを入れましたか。今のあなたという意識です。これは実はわずかでも未来に存在しているわけです。だからスイッチが入れられるのです。

人間と同じような細胞を持つ「人間そっくりロボット」をつくって、「動け」と言っても動かないと思いますよ。そこに何が足りないのか。意識です。意識は時間を超えているから、スイッチを押せるじゃないですか。これで3次元と高次元の違いがわかりましたね。ところが、私たちは意識を殻の中に閉じ込めてしまっている。さも「私が考えました」みたいなことを言っているけど、違うんです。

そこのギャップを少し広げていくと、意識によって自分の肉体の能力を引き上げることができます。自分の肉体の持っている能力はそれぞれ違うわけですから、治すこともできるし、どういう働きが一番向いているかを見つけることもできます。例えば病気になったとき、お医者さんに委ねたらおしまいです。委ねない。疑うことが重要です。自分の意識の中で細胞を想像して、これが再生する映像を頭の中で描いていくのです。自分の意識が借り物である肉体の細胞にそれを与えることで、だんだん動くようになっていきます。これをやってみてください。だって、3次元をつくり上げたのはこの意識ですよ。今、意識が殻の中に閉じこもっているからできないんです。

いつだったか、九州に末期のがん患者の方がいて、「木内さん、最後に背中をなでるだけでもいいから」と、終末医療の先生が連れていってくれました。「何かやってください」と言うから、「この人の体の中にどうやって腫瘍ができているかという写真と、健康な人の写真、絵でもいいですが、それを見せてください」と言って借りて、「今あなたの体はこういう状態です。あなたの意識が借りている体がこうなっちゃっているんです。あなたの思いでこの健康な体になることができるでしょう」と言いました。なぜかというと、僕はそれで生き返っているわけです。往生際が悪い。そういうことを何回か繰り返していくうちにだんだん回復していって、その人は今、退院しています。それはその人の努力です。自分の意識で、自分の借りている体を再生しようとした。誰にも委ねていないのです。やり方が見えたんですよ。意識がこの体を借りているんだ。借りている以上は最後まできれいに使い切ろうという思いがあれば、細胞は戻ります。

僕は、死ぬ間際、もう逝こうかというときに、こんな経験があります。ふと、おふくろの握ってくれた梅のおにぎりを食いたいと思った。せめて死ぬのはこれを食ってからでもいいんじゃないかと思っちゃった。そうしたら、死のうと思っているほかの細胞が、「えっ？」となるわけです。中国の先生が言うには、そのとき僕は血管がボロボロで縫えなかったそうです。ところが、ある一瞬から血管が縫えたというのです。つまり、くだけた言葉で言うと、シャキッとしちゃったらしいのです。その先生は有名なお医者さんなんだけれども、それがなぜだかわからない。僕は、あの梅のおにぎりを食いたいと思った瞬間じゃないかと思っているんです。

もしよかったら実験してみてください。「自分の体はこういうふうにして、こうなれば大丈夫だ」と思うことです。そうすると、借りている細胞はそのように動くのです。僕はそれを経験しています。

別の人たちで、きょう逝くという人と、これからあっちに旅立つ予定の人の２人を戻してしまいました。この２例に続いて、３例目、誰かやらないですか。「食べるものを想像してみてください」と言ったら、本当に末期の人でも思い出せるのです。そうすると、体が一瞬温かくなったりします。それが出てくるようになったら、それを少しずつ加速させていく。逆に言えば、その気にさせるということです。借りている以上は、その力はあるわけです。意識がこの3次元をつくっているからです。それだけは忘れないでください。

質問者D　意識というのは、ずっと永遠にあるものですか。それとも、どこかでなくなるものなんでしょうか。

木内　なくならないです。だって、意識がなくなった時点でわからなくなりますから。少なくとも私たちは3次元、意識は5次元という解釈になります。つまり、この空間は意識体なんです。それが煙のようにあって、一個一個つながっているだけです。亡くなるとそれが広がって、この中のどれかになってしまう。

つくったその張本人は、抜けた瞬間には、この空間全体が我《われ》になってしまうわけです。すごい知性になります。正常に戻るという意識を持っていけば、3次元の細胞を治すことぐらい何でもないことです。それをちゃんと論理的に見てやるのが一番いいですね。「今はこうだけれども、自分はこうしたい」と思うこと。これはウソではないから、やってみてください。僕はやってみたらよくなったし、もう一人の方もよくなりました。それを「木内マジック」と言われましたが、マジックでも何でもないです。

Part 2

地球も一つの石だから神も一つ、だからすべてを超えて行ける！

木内鶴彦×須田郡司

2017年7月9日　ヒカルランドパークにて

木内鶴彦とは何者か／まずプロフィールを語ります

木内　私は、彗星の研究、彗星捜索をやっております。これまでに4つの彗星を発見しました。その業績が認められまして、火星の外側で太陽の周りを回っている小惑星に「木内」という名前がついています。もうあの世に行ってしまったという世界です。

小さいころからの思い出はいろいろあります。自分がなぜ存在しているのか。目で見ている世界とは何だろうか。不思議ではないですか。例えば、他人の体を借りて風景を見たときに、同じように見えるかどうか、気になりませんか。「俺の体を使うと赤はこの色だけれども、ほかの人の体で自分の意識で見たら、青く見えていた」としたらどうしましょう。

人間は何で存在するのか、気になりませんか。「俺は何でここにいるのか」と。

小さいころ、隣の家のおじいちゃんが亡くなって、棺桶の中に入れるんですけれども、体が固まってしまうのです。結構がっちりしたおじいちゃんだったので、思いきり縛って棺桶に入れる。近所の若い衆が荒縄で体を縛って着物を着せて、お墓を掘りに行くんです。

この中で、近所の人のためにお墓掘りに行った人、いますか。すばらしいですよ。掘っていくと、何年か前の骨がコロンと出てきたりして、ウワーッ、出ちゃったよとなったり。そういうことを覚えています。

人間はいずれ死にます。死んだ先には何があるか、すごく気になります。自分の中では、意識というものが全て消えてなくなるのではないか。脳がなくなるわけですから、当然そういうものだろう、とか。逆に言うと、あの世の世界とか、地獄に落ちるとかよく言われたのですが、地獄はないんじゃないかとか、いろんなことを考えました。あの世の世界があることを信じてはいなかったのです。

どちらかというと、科学少年でもあった。航空自衛隊に入っていまして、ディスパッチャーという飛行管制関係の仕事をしていて、怪しい世界の話は余り信用していなかった。ただし、UFOみたいなものには興味がありました。

たしか「ムー」誌に、いつだったか自衛隊の飛行機がどうのこうのと載ったことがありましたね。自衛隊にいたときもああいうことが実際にありまして、そのとき、仕事として担当していました。夜8時から10時までの間、ノンフライト時間にして、日本の上空には1機も飛ばさないで、1週間調査をしたのです。すると、すごい数の何かが、とてつもない速さで飛んでいるのです。

例えば、その何かが出雲の半島から気仙沼に抜けるまでのレーダー上の軌跡を調べると、大体3分で通過しているのです。もしかしたら隕石の落下ではないかとも言われたけれども、放物線を描いていない。水平に動いている。そういうものをいろいろと調べてみると、おもしろいことがありました。

自衛隊にいたとき、1976年の9月6日に、ソ連のミグ25が日本（函館空港）にやってきました。ベレンコ中尉亡命事件ですね。若いころ、茨城県百里《ひやくり》基地にいましたから、担当していたんです。それで精神的にすごく病みました。今は茨城空港にもなっています。ベレンコ中尉はとんでもないやつです。彼のおかげで、私が生死をさまようことになった。

当時、ポックリ病がはやっておりましたが、最近ないでしょう。あれはどうも私以降、ないらしいのです。私がいい実験台だった。ポックリ病になって、ポックリ逝かなかったのがよかったかもしれないですね。それで体が治ったということで、それから後はそういう病気で亡くなる人が激減しました。あのころ、本当にはやっていましたね。会社に勤めても精神的に参ったり、夜遅くまで働いてストレスがたまったり、いろんなことがあったんでしょうね。みんな大変な目に遭って、体を壊していった。

体を壊してから自衛隊をやめまして、最初は地震の研究を民間でやっておりまして、その後、星の観察をやりだして、彗星も幾つか発見した。

1994年、SL9（シューメーカー・レヴィ第9彗星）が全部で23個、木星にぶつかりました。事前予想では、ぶつかっても木星は巨大だから地球からはインパクトの様子が見えないんじゃないかという話があったのですが、実際にははっきり見えました。地球には約6500万年前、ユカタン半島に隕石が落下して、恐竜が絶滅したという話ですが、それが本当にそうだったかどうかというのは、実際体験するしかありません。たまたま近いところで木星に彗星がぶつかるということで、実際にどういうことが起きるのかを観測した。

あのとき、筑紫哲也《ちくしてつや》さんの「ニュース23（ツースリー）」という番組に、私は出たのです。私たちのチームがそのお手伝いをしていました。それから、どうでもいい話ですけれども、キヤノンのファミリーコピアのコマーシャルにもちょっと出ていたのです。彗星とか新しいものを発見したときにすぐ連絡がとれるということで、ファミリーコピアのコマーシャルに出させていただいた。

1994年10月に、けいはんな学研都市ができました。筑波研究学園都市の関西バージョンということで研究施設ができて、そこで基調講演をしました。基調講演ですから、貴重な講演をするわけです。ああいう大学の研究所みたいなところでしゃべる先生はすごく立派な先生が多いのですが、それに任命されたのがたまたま私だったのです。ただの自慢話です（笑）。

その後、私が見つけた彗星が地球にぶつかるかもしれない、何とかしなければいけないということで、１９９４年12月に64カ国の人たちが集まって、この地球を彗星からどうやって守るかという話し合いが京都の国際会議場で始まりまして、それは大変なことだったのです。地球上で一番要らなくて、大きな爆発力があるものを処理するためにはどうしたらいいかという話があった。それは核兵器のことです。

当時、ソ連では日本海の深いところに捨てていたのです。誰も手が出せないということで抹消していこうという考え方を持っていた。でも、それが酸化して海の中にこぼれ出したら、一体どうなるのでしょう。すごく心配です。これは地球上で処理してはダメなので、地球から太陽ぐらい離れたところで爆発させたら、太陽から来る放射能の量から見たら全然少なくて、何億分の1ぐらいになりますので、それが一番いいのではないかという提案をした。

そこから始まって、宇宙ステーションをつくって、それを迎撃のために宇宙空間で組み立てて、彗星の通り道まで持っていこうという作戦を考えたのです。それには100年かかる。私の見つけた彗星は125年の周期性で帰ってきますが、さて、どうなるか。未来の若い人たちに託していくのです。これから科学は衰退するのでしょうか。発展するのでしょうか。すごい悩みがありますね。

宇宙開発事業団でも、NASAとかああいうところと全部つながっているときに、基調講演をさせてもらったり、あるいは、小柴先生のカミオカンデで基調講演をさせてもらいました。今、自慢話ばかりしていますが（笑）、何かしら実績の紹介をしておかないと、「あの人は一体何をやっている人？　星を見つけた人？　それとも生死をさまよっただけの話？」と思われてしまうといけないので、とりあえずそういうちゃんとしたことをやっていると言っておきます。これで大丈夫でしょうか。

死んだら「膨大な意識＝すべてが自分」というものを体験します

死後の世界の存在については、皆さんがいずれ経験するから、その状態についてはあえて言いません。ただ、意識はもっとはっきりします。自分の脳を通過させて情報を出そうとするとすごく時間がかかるし、容量も少ないのです。

脳細胞は、コンピューターでいえばメモリーと考えてください。演算する場所です。記憶媒体は、一つ一つの細胞が全て持っているのです。私たちの細胞の細胞水はシリカです。ケイ素水みたいなもので、ものすごい記憶媒体になっています。その一つ一つの細胞の集合体が私なのです。でき上がったこの体が私なのではなくて、細胞の集まりが私なのです。そういうものでできているということをよく理解したほうがいいと思います。

そういうものの情報とかいろんなものがあって、私たちは次に生まれてくるものに遺伝子を伝えていくことができる。それに何かの欠損があったりすると、当然そこの流れも変化してしまう。

生死をさまよっているときに、体というのは一体何なのだろうとか、体の中は一体どうなっているのだろうとか、何で俺は食べるんだろうとか、いろんなことを考えます。食べないで生きている人はいますか。いたとしたら珍しい。余りいません。食べないといけない。私たちは食物連鎖の中の一端としては、食べて生活して、出すものを出して、堆肥にして、生態系の循環をちゃんと整えていくという役割をしなければいけません。肉体は、本来はそういう形で存在しているということになります。

私たちが死んだときに、肉体を燃やすのが今は一般的ですが、肉体に関しては、自然に土に返すのが一番いいやり方ですね。昔の人たちは、そういうことを重んじていたようです。体は大地に埋めて、魂の世界は、日本の場合は、鳥になって天に召されるという世界が存在するのです。

僕は膨大な意識を経験しまして、全てが自分という解釈になってくる。皆さんの亡くなり方の訓練ですが、まず、自分が意識がなくなって、心肺停止になっていくのは全部わかります。自分で体験します。体から本当に意識が離れるときに、一回、我に返るのです。

心臓がとまり、呼吸が停止し、脳波も全部停止する状態が起きます。そのときに頭がすごくクリアになります。体中の痛みや何かがなくなっていることに気がつきます。そのまま自分の意識を引きずっていますが、体がどうなっているかとか、自分ではわからなかったはずの情報が浮かんでくるのです。そのものの情報を入手できる状態になります。ただし、肉体とは離れます。

肉体とは一体何なんだろうかとずっと考えていくのです。私たちの肉体は、3次元という制約された中で、意識という世界が存在しています。意識とは何かというと、難しい話ですけれども、もしかしたら5次元ではないか。5次元は宇宙の始まりとか、そのもとになっているもの、空間です。そこにひずみが起きて、そのひずみが解消されるエネルギーの流れが回転運動を起こして、そこで広がってくるのが水素原子ではないか。それがやがてはお互いに引きつけ合って、臨界量を超えて大きな爆発をしながら、3次元の高（?）元素、ウランまでの単位かどうかわからないのですが、そういうものがつくられてくる。それが3次元というものです。

その中で、生き物は、そういうものの結合の仕方、弱いエネルギーのやりとりの中で、体に発電が起きるわけです。

一番最初にできたのが藻です。藻は、何らかの電子を取り込んで、その電子は藻の細胞の中の電子が1個欠如しているところに入り込んでいって、ヨウ素に放り出していく。そうすると、ヨウ素は余分なものをもらうから、次にまた放り出すということで反応が連鎖して、そこに電気の流れが発生する。電気の流れが発生しないと細胞はつくられないのです。それが行われているうちが、生きているということになります。

私たちは食事をとります。それが胃袋でこなれて、腸から吸収されるということは知っていますね。どうやって吸収されるのでしょうか。浸透圧です。食べ物が液状になったものは細胞の濃度が薄いから、薄いほうから濃いほうに食べ物が入っていく。

それがまた次に伝わっていくということで、伝わっていきます。それが血管に戻って、それも伝わるということになります。最終的に伝わっていくと、反応する以上は必ず熱エネルギーが出ます。皆さんは体から放熱しています。だから、体温があるのです。

では、不純物はどうやって出るのでしょうか。反応したときに要らなくなったもの。これは血管に戻って腎臓でろ過されて、おしっことして出てくると言われています。これは正しいでしょうか。僕はそれがすごく疑問だったのです。濃度の濃いほうから薄いほうには流れません。でも、今は流れたと平気で言っています。どうやって流れているの？　死んでいる状態で、そういうことが気になっていた（笑）。

亡くなっていても、意識がはっきりしているから、いろいろと思い残しがあるのです。体の中に自分というものが存在しているよりも、頭がクリアになっているわけですから。といっても、頭があるわけではない（笑）。何と説明していいか。この空間が全部自分、我という状態で、そういうものを体験するのです。

人間の体の中には金属イオンが必要ですかね。よくおしっこの中に金属イオンが出なくなったら大変だといいます。がんになった人は、金属イオンが出なくなるんですって。これを追い出すようなことができたら、正常細胞に戻る可能性があるという、がん治療の研究をされている先生もいるみたいです。

しかし、私たちは金属イオンを摂取しています。鉄が足りないから、亜鉛が足りないからそれを補充するとか、いろんなことを言っていますね。足りないから出ないのか、すごく気になるところです。それが出ないからといって補充したら、余計出なくなってしまいます。そういうことがやたら気になるのです。

私が考えるには、例えばコップに水を入れてお砂糖を溶かしたら、濃度は濃くなります。それに金属の粉を入れたら、濃度はどうなりますか。金属は濃度とは関係ないですね。でも、それがイオン化されていて電位を持っていて、食べたものの不純物も電位を持っていたら、それがくっついて引っ張り出される。そして血管に戻っていって、おしっことして出てくるというメカニズムがあって、そのために、金属イオンが必要だったのではないかと私は勝手に思っているのです。本当に正解かどうかは知りません。そういうことを考えていったら、こういうメカニズムではないかと思えたのです。

水は圧力を加えていくと金属を抱え込み、絡みつく

水は圧力を加えていくと金属を抱え込む、絡みつく性質があります。昔、そういう原理の研究もちょっとやっていました。皆さん、もしかしたら知っているかもしれないですけれども、「太古の水」はそういうことなのです。でも、今の地球上の水にはそれはありません。昔は金属を引っ張り出す力があったから循環ができていたのではないかという気がするのです。

確かに体の調子が非常に悪い人とか、どこかに機能不全が起きている人たちは、金属が中にたまっている場合が多くて、やってみたら、それを引っ張り出すことができる。なるほど、そうすると改善されるんだなということがわかってきました。

あとは、電気はどうやって抜くかというのがあります。これさえ成功すれば、意外と多くの病気を治すことができるのではないかということで、今、薬学の先生と話をしながら、動物実験をいろいろやっています。結構いい成果があがっているのですが、私はそういう研究者ではないので言えないのです。近いうちに、すばらしいものがで

きるかもしれません。

死んで意識が離れると時間と空間に関係なく旅ができる

さて、死んで意識が体から離れました。そうしたら、時間とか空間に関係なく旅ができることがわかってきたのです。

さっき言ったように、５次元の世界の中にひずみができて、回転運動が起きた。この回転が時間という概念だと僕は思っています。それが一周するのが経過ということになると、それでつくられた時空は３次元ではないか。時間という概念がくっついたのが４次元で、それ全体を包み込んでいるのが５次元というエーテル、ガス、空気みたいなもので、ここには光も何もない。ダークな世界ですが、そこには思い、意識というものが存在する。昔の人たちがテレパシーみたいなもので会話するとか、何かを教えてもらうということがあったとしたら、そこのラインを通っていくと、つながることができるのではないか。そうすると、時間を超えて旅ができる。

僕の場合には、22歳のときに生死を一回さまよいまして、その後、2009年に中国で、静脈破裂で1回目に7リットルという大量の血液が出てしまって、中国の地方の病院に担ぎ込まれたのです。そこで一応出血はとまって、細胞の抗体はよくなってきたのですが、このままでは難しいということで、その後、大学病院に移されました。その大学病院で、さらにまた血管を破いてくれまして、合計20リットルという輸血をしました。その輸血も、血管が破けている状態なので、すごい力で輸血パックを絞って送り込んでいた。あれをやっただけでも、血管に相当な圧力がかかって危険なんです。それで逝ってしまうらしいんですけれども、私の場合は、それでもまだ生きていた。今はこういう状態ですが、どこかに欠陥があるんですかね。たまに心配になってくるのです。

この間、インターネットの世界で、人が亡くなる瞬間のMRIの映像を流していました。最後に脳細胞がパーンと光って、真っ黒けになってしまうのです。炭になってしまったんですかね。俺の頭の中は炭だらけだ。

そういう状態になって、体から離れていくのですが、離れてみて、自分が今亡くなったなと思ったときに、そこの場所と時間をずらしてください。例えば、2~3日、未来でもいいし、思うだけでいいです。思うとそこに意識だけが移動できます。そこで一回時間をずらすと、ずれが生ずるために、その人の思いはしばらく拡散せずに塊でいます。それを使って過去に旅をしてみると、これはおもしろいですよ。歴史書に書いていないようなことが山ほどあるし、思い込みでつくられた昔の話もすごく多いことがわかるんですね。

『奥の細道』の謎もこれで解ける⁉／その昔、火おこし、通信の手段は鏡石だった⁉

例えば、『奥の細道』を書いた松尾芭蕉さんは、本当に東北まで行ったかどうか。3日間で俳句を書き記したものを持って俳句を京都まで伝えなきゃいけない。そのたびに往復するわけです。走ったかどうか。走れたという人がいたから、松尾芭蕉は忍者だったのではないかという説もありました。だけど、実際には本当は走れなかったから、あの人は実は京都で創作したのではないかという話があるのです。皆さん、どう思いますか。変な人に聞くと、あれは宇宙人だったんだなんて言われちゃうのですが、あれはちゃんとした人間なんです。

その前に、私たちはもっと身近なことをいろいろ考えてみるとわかりやすいのです。火おこしの儀式は出雲にある熊野大社でもやるのですが、火おこしの儀式で想像できる火のおこし方は、どういうものでしょうか。木や石の摩擦で火をつける方法でしょうか。日本はアマテラスの国です。アマテラスは太陽です。

聖火は何で火をおこしていますか。鏡ですね。金属がなかった時代でも、石を研磨すれば鏡のようになりました。昔はそういうのでやったのではないか。昔から、鏡岩と言われるものがありました。今いろいろ教えていただいて、磐座《いわくら》とかそういうところに行くと、鏡岩というものがあります。鏡岩といってもでこぼこしていて、これが何で鏡なのという、ただの平らな岩にしか見えない。でも、絶対何かあるはずだという思いがあって、そういうときに過去のことを想像すると、現在にいながらにしてその時代に意識が介在できるのです。

その中で見てきたものがあるのですけれども、太陽が沈んでいく方向の山合いを照らしている山があった。これが剣山《つるぎさん》で、こういうところにあるんだけれども、これは本当にちゃんと反射しているのかなとか、気になるじゃないですか。いろいろ聞いてみたら、みんなそんなものはないと言うのです。

「こういうふうに見える場所はどこにありますか」と聞いたら、「これは隣の山にあるあそこの岩がそうなんだけど、太陽の光は反射していませんよ」と言う。でも、行ってみようじゃないかという話になって、行って見てきたら、いまだに手が映るのです。こんな大きな（両手を広げて）、どうでもいいような岩ですが、こっち側の面だけがスパンと切れていて、斜めになっていたから浸食されなかったのです。

しかも、私が生死をさまよって見ていたのは、1万6000年前とか、それくらいの規模だと思うのです。そういうものがあるのです。手が映るんですよ。これを見たときに、まずショックを受けますよ。地元の人たちは誰も知らない。だから、死んでみてその時代に行けるというのは意外にいいでしょう（笑）。そういうところをのぞくこともできる。

シベリアの青い人種オロチョン族の人さらいがヤマタノオロチ伝説になった⁉

よく言われている時代の中で出てくるのは、ヤマタノオロチです。あれは蛇になっていますが、おかしいんだよね。僕が見たのは青い顔をした人なんですよ。どうもシベリアの東側に住んでいる人たちで、女性が子どもを産めないような状態になっていて、日本とかあちこちに行って女性をさらっていって、子どもをつくらせて、自分たちの子孫の繁栄を図ったらしいのです。

そういう人たちがいたはずだと言っていて、あるときに本を調べてみたら、確かにシベリアの東側にオロチョン族という種族がいたんです。今はいないんですよ。これが青い人種ではないか。私たちと交配していくうちに、私たちと合体してしまったのではないか。私たちはもしかしたらハイブリッドになっている子孫ではないか。

証拠は、お尻が青いでしょう。あれは証拠になりませんかね。誰か、あそこの遺伝子だけちょこっと調べてもらって、もしオロチョン族に由来するものであれば、間違いないということになります。現在は当然滅んでしまっているけれども、私たちの中にはそれが受け継がれているということになりますね。それも、生死の境をさまよって、死後の世界に行ってきたからわかりやすくなった。

『奥の細道』なんかで松尾芭蕉たちはどうやってやったかという前に、磐座に行ってみて一番気がつくのは、山の頂上の見通し線になっているんです。直線で見やすい山の頂上にあるわけです。非常に目印として便利だと思いませんか。石の鏡を使って、ここで何か油を燃やして、その光の点滅でモールス信号をやったら、光通信ができます。そういうところの近くには必ず、携帯電話の光通信ではないけれども、アンテナが立っている。どういうことなんだといつも私は言っていた。何でここにドコモとか、いろんな携帯電話の発信のアンテナがあるか。おかしいじゃないのと。でも実は昔の考え方を活用して、そこで使っていたんです。すごいのです。

そうすると、今まで私たちが言ってきたような時代背景とは違って、芭蕉の時代に通信ネットワークは完全にできていたことになる。モールス信号は、確かにイロハ順なのです。今でも飛行機や船はモールス信号でやっていますけれども、モールスは時代がかなり古いです。アイウエオ順ではないでしょう。これがまたいいじゃないですか。そういうものがあるということを調べてみる。それで、向こうにいる人と通信ができた。夜でも通信ができるでしょう。すごいと思いませんか。

そういうものを見てくると、昔の人たちは、毛皮のパンツをはいて、槍を持ってすっ飛んで歩いている人たちとは大分違うような気がするのです。ああいう体験をすると、いろんなことがわかってきます。

標準語で見てはダメ／六連星「すばる」の語源は津軽弁の「ひばり星」!?

僕は星のことをやっていますが、すばる、日本では六連星《むつらぼし》と言っていますが、この星のことを、種をまく時期とか、そういうのをあらわす鳥の名前を使って、ひばり星という。これを昔の人たちは大事にして、それを忘れないようにということでやっていたのですが、「すばる」の語源、あれは何語なんでしょう。中国語ではありません。れっきとした日本語です。「ひばり星」です。

津軽に行って、津軽の人たちに「ひばり星と言ってみてください」と言うと、「ああ、すんばるぼすけ?(ああ、ひばり星のこと?)」と言われる(笑)。つまり、ひばり星は「すんばる星」なんです。東北弁が語源だったのではないかということがわかってきますね。

出雲の地域もズーズー弁ですよね。なるほど、なるほどとなってきませんか。そうすると、あそこら辺に伝わるいろんなことわざは、標準語で訳してもダメなんです。津軽弁か何かで訳せば、意味が通じるかもしれません。でも、それを誰も言ってはいません。みんな真面目に標準語で解釈している。標準語ではわからない言葉があるわけですよ。その当時の標準語が津軽弁だったりしたら。

現在の勢力下で教わった文明の中にいると、だんだんわからなくなっていっちゃう。私たちが見方を変えて、「その昔はどうだったんだろうか」と思いをめぐらすと見えてくるものがあるのです。日本人の文明の中で、長野県人はおもしろいのです。群馬だって似たようなものかもしれませんが、私たち長野県人は種族がちょっと違うみたいです。

何が違うのか。蜂の子とか、ザザ虫とか、虫でも何でも食う。何か私はゲテモノ好きと言われそうですね。そういう世界なんです。そういうものがあって、私たちは今までの文化を基準に考えて、昔はこうだった、ああだったと考えないほうがいいかもしれませんね。

月は地球の周りを回っていなかった／「生物の体内時計は1日25時間」の謎の答えとは⁉

例えば、私が生死をさまよって見てきた中では、月が地球の周りを回っていなかった時代もあったわけです。そのころに、全部の生物は誕生し切っているわけです。その生物の体内時計を調べてみると、不思議なのですが25時間なんです。ところが、今現在は24時間（正確には23時間56分）。おかしいじゃないですか。これは月による影響だと思うのです。それに対するストレスや何かで、私たちは寿命が短くなってくる。

寿命が一番短くて身長も小さかったのが、もしかしたら江戸時代の末期から明治の初めごろになるんじゃないですか。あのころの人たちの持っているものは、刀にしても、大分小さいものが多いですよ。剣道でよく「さぶろく（長さ36寸）」とか「さぶはち（38寸）」という竹刀があるのですが、「さぶはち」は長いのです。だけど、身長が小さくなってくると、「さぶろく」でも長いような感じになってくる。

今、マダガスカルの人たちの平均寿命が55歳、平均身長が1メートル50センチちょっとだそうです。日本にもそんな時代がありましたね。私が小さいころ、うちのおやじはでかく見えた。もう亡くなりましたが、今考えたら大分小さいです。息子は、俺よりもはるかにずうたいがでかくなっている。態度もでかい。それは関係ないですね(笑)。そういうものがあるのではないか。

死という体験をして、時間遊びをして、その体に戻ってこれたらおもしろいですよ。だから、亡くなったら、まず3日ぐらい先の未来を見て、ゆっくり楽しんでから帰ってこられれば私みたいに言えるけれども、ちょっとおかしくなったかなと言われるのです。天才と言われる人はいいふうに見られるのですが、未来のすばらしいものを持ってきて、それを活用したら、天才になれます。

それとか、何かの能力がつくとか。でも俺には何もつかないのです。ただ見てきただけになっている。見てきたことの謎解きをしている。昔の遺跡とかいろんなものの中に、自分がその時代に行ったんだということを書いて、残したりもしているわけです。特に北斗七星は、時代によって少しずつずれてきて、変化してきますから、年代の違いがわかりやすいのです。そういう意味では非常に便利なので、どこかに北斗七星を刻んであったら、意外と私かもしれません。私がそこに行って、立って、何年前の俺は何でここに来たんだというのがわかると、その意味合いを思い出すと思うのです。何も印がないと、そこに行っても何も思い出せないから、そうやっていたずら書きをしてあるので、これからそういう楽しみもいいかなと思っているのです。

私も、27〜28歳のころから地球環境の話の講演会をさんざん開いたり、いろいろやってきて、気がついてみたらもう64歳です。そうなると、先が、これから未来のほうがおもしろいですね。何が楽しいか。もう少しゆっくりあちらの世界を見てみたい。黙っていたってそれはできるという話ですが。

磐座で一番多いのは暦としての役割

このようにして遺跡を見る。特に磐座の役割で一番多いのは何だと思いますか。よく上が十の字になっていて、北を指すとか、南を指すとかとあるけれども、あれは一体何を意味しているかわかりますか。昔、稲作をやっていた人たちは、暦が一番重要でした。山の頂上に行って、そういう石に乗っかって、北と南を出す。そして、ここから太陽が上りました、次の日はここから上りましたと、だんだん見ていくわけですね。そうすると、どこかでUターンする場所があります。Uターンするところに、棒でも何でもいいから置いておく。それが戻っていって、またUターンする場所がある。すると、冬至と夏至がわかります。そのちょうど半分は春分、秋分の日になります。そういうところから、まず暦がつくられてくる。

今、暦なんていっぱいありますが、少し前までは、腕時計だってしている人が少なかった時代は、農家をやるにしても本当に不便でした。昔は「腹時計」というすばらしい時計があって、山の畑仕事を手伝いに行ったことがあるのですが、そろそろお茶の時間じゃないかとか。お昼は影が一番短いからよくわかるのですが、3時、10時は腹時計でという時代もありました。

今はすごく便利になってきて、逆に、その時間に追われるようになっていっている。都会に来てみてよくわかるのですが、みんな忙しいですね。何であんなに忙しいんですかね。カサカサカサ、駅をおりてタッタッタッタッタ―ッと、あれを見ていて、俺は笑い出すぐらい不思議でしょうがない。この人たちは何のために生きているんだろう。会社のため、稼がなきゃ。会社に稼がせて、定年になったら自分は捨てられるとご存じですか（笑）。定年になると、もう御用済みになってしまいますね。それまでは借金とかいろんな支払いがあって、家にはカミサンがいて、「何とかしてよ」と言われて、一生懸命頑張って働いているわけです。気がついてみたら、年とって、定年になってお払い箱になって、年とったら、老後、何かをやりたいねと思っていたら、なる前からだんだんおかしくなっちゃう。そこまで言わないけど、ボケてくるとか、いろいろなことがある。そういう人が見受けられる。

売れるとなればつくって売る／今の地球にはこれだけの考えしかない

時間をもっと有効に使っていく。太陽が上って、沈んでいくというバイオリズムの中に私たちが身を置いておくと、体にはすごくいいと思うのです。

ところが、そういうこともしない。今の世の中は、隣の国ではやたらロケットやミサイルを打ち上げてくれている。あれは子どもみたいで、見ているうちに嫌になってきますね。困ったガキだなという感じがします。そういうことを超えて、地球人としてモラルを考えようということが、いまだにないというのが情けないでしょう。日本人は、意外と地球人として考えていますね。戦争をしている人たちに、この地球の環境がどうこうなんて言ったら、ドカンと撃たれてしまいます。

日本人ぐらい宗教心のない国はないでしょう。あるのですか。あるような、ないような。まあ、いいんじゃないと思えている。つまり、やおよろずの神様です。だから、それは自然界の神様で、私たちは自然界の生き物の中の一番新参者でしょう。新参者は山を整えたり、地球の環境づくりをしていかなくちゃいけない。そういうことを含めた未来の構図を考えていかなければいけない。

地球の環境を整えていく役割が産業になったり、そういうものになっていくのなら、何も文句は言わないのです。ところが、今は全然違っていて、売れなきゃいけない。こんなものあっても仕方がないのにというものでも、売れるとなれば、つくって売るのです。最近、ゲームがいっぱい出てきた。あれはストレス解消にいいのでしょうか。まさかゲームをやっていてストレスになっている人はいないでしょうね（笑）。

いずれ人間が陥るところに陥っていく。あるいは、それ以上に精神的におかしくなる。例えば、今農家でお米をつくっている人の数は多いですか。まさか食べるものをよその国から仕入れていないでしょうね。日本には日本のいろんな菌がいて、それで育ってきた作物を食べるから、私たちの体にちょうど合っているのです。

それをわざわざ国境を越えて持ってくるとなると、消毒しなければいけません。しこたま消毒してくれているので、それを食べている私たちは、アトピーとか、いろんなわけのわからない病気になっています。最近はアリまで送ってくれているところがある。アリガタイ（笑）。ヒアリは刺すのです。蜂に似たようなものです。余計なことですが、話によると痛いらしいです。

未来の地球のあり方を見てきたから伝える／やれる人がいるのです

この地球はどうしたらいいのでしょうか。

今、環境汚染されて住めなくなっている。よもや火星に移住するなんて考えていないでしょうね。火星に移住すると言う人がよくいるのです。火星に行ったら大きさが全然違うので、まず骨が細くなってしまって、スマートにはなりますけれども、その人が地球に帰ってきたときには、自分の体を支え切れないで死んでしまうのです。だから、行きたい人はどんどん行ってください。最近、ビル・ゲイツさんたちがおカネを出し合って、おカネ持ちの人たちだけが行けるという。ハワイ島で研究しているらしいですから、すばらしいですね。

その前に言っておきますけれども、太陽の大きさが14センチだとしたら、地球の大きさは1・3ミリしかないのです。太陽から15メートル離れている。ここは地球という小さい宇宙船です。これも直せないのに、人工的につくりますなんて、そんなものは愚にもつかない話なのです。俺はこの地球が大好きな人間です。地球が嫌いな人がいますか。好きだから、この地球をしっかり直して、住みやすい環境になっていくのと、その環境を長く維持するための産業構造や経済システムをつくっていくというのが、生死をさまよって見てきた未来の中で、これからの私たちに課せられている課題です。

「じゃ、木内さん、何かやってくれるの」と言う。俺は何もできないけれども、やれる人がいるから伝えているわけです。「ここだけの話だけど、俺は見てきたんだ」と、あちこちでしゃべっているのです。こういう未来になってしまうんだけど、いいんですか。嫌だったら、みんなで何か考えませんか。未来の地球のあり方をしっかり考えて、植物の生態系、栄養の流れ、全てを考える。我々のような新参者がなぜ物事が考えられて、手足が器用に使えるかというと、そういうことを研究して、学んで、先輩たちの生き物の世界をつくっていくためです。その循環性の中で私たちは生かされているということを忘れなさんなということですね。思い上がるなということなんです。私たちは相当思い上がっています。そういうところをもう少し自戒していかなくちゃいけない。

これからの産業構造や経済システムは地球をよくすることが目的となります

売れるからどうのこうのという話ではなくて、地球の環境をよくすることが目的の産業構造や経済システムを構築する。これが新しい経済のあり方です。これを先にやった国の勝ちです。それにはどうするかといったら、太陽エネルギーを使って、電気を使って電池をつくる。それぞれの家電に全部その電池が入ったら、集中豪雨でも停電という言葉がなくなります。電池の入っているジャーが1個あったら、3年間、ご飯が炊けるとか、そういうものを考える。

私が言っているのは、これはできるかできないかではなくて、そういうのを研究しろということです。そういうものをこれから人間が研究していったら、地球の環境はすごくよくなります。原子力発電所も、火力発電所も要りません。なぜそういうことに知恵を出して、やっていかないのかというのが不思議でしようがない。それが企業のあり方になれば、それは世界に一気に広がります。地球の環境をよくするんですから。私は自分ではできないから、そっちに行ったほうがいいんですよという歌を歌っているのが大好きなんです。

よく考えてください。生き物の中で地球の環境を一番壊しているのは誰ですか。はっきり申し上げまして、人間以外にはいないような気がするんです。オランウータンはそこまでしないような気がしますが、どうでしょうか。ということは、人間がそれを修繕しなければいけない。そういった産業構造や経済システムをどうすれば構築できるかを考え、導き出す英知が必要なのです。今、すばらしい大学を出た高学歴の人たちが多いわけですから、そういう能力を使っていただきたい。

電池付きの家電製品で発電と送電システムは要らなくなっていく

栄養というのはどこに一番集まるか知っていますか。海溝です。そこに原子力を使ったカスを捨てている。これをやったら、海の中が汚染されてしまいます。それがだんだんいろんな動物に食べられる。山の頂上には栄養素は一切なかったはずです。そこに動物たちが運んでいって、ウンチをすることからそれが肥料になって、地球の生態系ができている。その循環を整えていくことを誰がやるか。本来は人間がやらなくてはいけない。今、人間サマはそれをやっていますか。やっていません。そういうことをやっていかなくてはいけない。

ただ、やっていくとかいかないとか、言葉で言ってしまうといけないので、使っていると知らないうちにそういう方向に行くようなものを考えていったほうがいいと思う。そういうところに英知を使うとか、いろんな考え方があると思うのです。

アイデアはあるけれども、私はできない。ただ、しゃべることはできる。そういうのを皆さんと一緒に築いていくということなら、私が生死をさまよって見てきた未来の話をすることで、未来が出てくると思うのです。そして、日本の企業のあり方、スタンスが、よその国とは違ったものになってくる可能性があります。例えば、家電製品に電池が入ったものが売り出され、普及したら、世界中で、送電線でやっているところは情けないことになります。「日本にはこれがあるよ」と言われたら、それまでです。そうしたら、先駆者になります。一番最初にやれた企業になります。どうしてそういうことに集中して研究しないかというのが不思議です。

太陽光を集めて、電気エネルギーやいろんなエネルギーに変えるという実験は、とりあえず私はやらせてもらおうと思っています。これは私の役割です。そこから始まって、いろんなものの可能性が出てくる。

大気、土壌がダメになっていく過程でビル、工場、マンションで作物栽培をするようになる

これから大気の様相が悪くなってくる可能性もあります。そうしたら、露地物で作物をつくることがいいのか悪いのか、問われる時期が来ます。今は放射能が飛び交っています。東京あたりは二酸化炭素が多くなって、空気が薄くなってきています。かなり上空に上がってしまっている。標高ゼロメートル地帯で潰れていく工場が多いとすると、あいている工場を借りて、室内でつくる農業をやったらどうですか。企業内農業です。光栽培とか、いろんなやり方がある。フィルターをかけておいて、工場の中を通って出てくる空気は、植物を経由するからきれいに浄化されています。そうしたら、これは空気清浄機になります。こういうものを1つの売り文句として、どうしてできないのだろうか。

新しい家のあり方、高層マンション、村づくりもそうです。一つのマンションの中で、農業もあれば、これも、あれも全部あって、住んでいる人たちはそれぞれそこに

働きに行く。このマンションが一つの会社という形になる可能性もできるわけです。この中の人たちは、自分たちがつくったもので生活できるわけです。お医者さんの資格を持っている人は、俺は医者をやってもいいよとか、俺は農業をやってもいいよとか、それぞれ分散していくと、企業内農業、企業内医療という形になっていきます。私たちはそういうことを考えて、つくった形を世界に発表していく。自分たちもその中で生活していく。

今、外は空気が危ないです。僕もガラガラ声になっています。ことしの2月ごろから喉がおかしくなっちゃってね。花粉症みたいな状態になって、喉の奥のほうにほこりがたまっているような状態になる。それから声が患ってきて「こえ患い（恋患い）」、余計なことでした（笑）。こういう世界をだんだん直していかなくてはいけない。その前に空気を浄化することを考えて、それが産業に結びつく。

あるいは、ハワイみたいな島でそういうふうにやっていったら、島一つで生きていける。マンションで生活していても、そこに勤めている人たちでやれたら、これは生活が成り立っていきますね。砂漠地帯でもそれはできるんじゃないか。

こういうふうにアイデアを出し合っていくと、すばらしい未来の像ができてくる。多分それが、私が見てきた未来に近づく一歩、二歩ではないか。それだったらうまくいくはずなんです。それをやりそびれると、えらいことになります。またドロドロした、争い事の多い社会になって、戦争の絶えないような社会になっていきます。

これで終わります。どうもありがとうございました。（拍手）

私（須田）は自称「巨石ハンター」です！

須田　私は、自称「巨石ハンター」と言っております。かつては「フォト霊師《だまし》（騙《だま》し）」と言っていたのですけれども、非常に怪しいということで（笑）。巨石ハンターも怪しいのではないかと言われるんですけれども、どうぞよろしくお願いします。

私は、島根県出雲市に移住しましてこの２０１７年10月でちょうど4年になります。もともとは群馬県出身で、東京にも長くいたんですけれども、ご縁があって出雲大社に歩いて5分のところに移住しております。

きょうは、映像を見ていただきながら、日本と世界の巨石の世界を知っていただきます。石の話で、ちょっとかたいかもしれませんが（笑）、おつき合いいただければと思います。

（映像開始）

いきなりこんな変な天狗の写真（１４７ページ上写真）が出てきて、皆さん驚かれると思うのですが、これはセルフポートレートで、モデルは私です。私は実は天狗界から来た人間です、というのは冗談です。かつてはこういうセルフポートレートを撮っておりました。なぜ自分自身が石に導かれるようになったかをお話ししたいと思います。

これも（147ページ下写真）、皆さんに見せるのは申しわけないような気もするのですが、モデルは私です。ですから、私の裸を見ていただいているんです。済みません。なぜこんなものを撮ったかといいますと、実は私は25歳のときに母が亡くなりました。今、私は55歳ですから、30年前です。そのとき、自分はどこから来て、どこへ行くのかという思いになりました。私が生まれたのは、群馬の築150年ぐらいの古い実家です。その生まれた部屋で、胎内回帰と言うとちょっと大げさですが、自分が生まれた意識ということで、もちろん家族が誰かいると撮りにくいものですから、誰もいないのを見計らって、こういうセルフポートレートを撮りました。今思えば、何でこんなことをやったかはっきりわからないのです。撮ったというよりは、何ものかに撮らされたような感じがしました。

その後、だんだん外に向かっていきます。これは（149ページ上写真）群馬の三《みつ》峰山《みねやま》で、裏山が花崗岩の山なのです。そういう岩場の穴があいているようなところに

天狗姿のセルフポートレート

セルフポートレート

自分の身を置いたり、岩の中に自分を置くことによって自然と一つになるような体験がありました。実はこれは人に見せるために撮ったのではなかったのですが、こういう活動をしているのを、たまたま私の先輩の写真家が知って、おもしろいから展覧会をしないかという誘いがありまして、私の最初の写真展は実は私のセルフポートレートのシリーズとなったのでした。

これ（149ページ下写真）は沖縄の斎場御嶽《せいふぁーうたき》で、今では世界遺産になっている場所です。ここは今でも祈りの場所として沖縄の方がたくさん訪れます。私は、その邪魔をしないように人がいないとき、自分の身を置いて、三脚を立て、セルフタイマーのスイッチを押して、一生懸命走ってポーズをとったりするわけです。「かなりアホ」なことをやっているなと自分でも思いながら撮っていました。これを何回も撮るうちに、聖なる場所に自分を捧げるみたいな意味合いを感じて、こういうシリーズを1年近くやっておりました。

今はこういうシリーズは撮らないのですが、たまに聖なる場所に行くと、ちょっと脱ぎたくなることはあります。変な話ですが、服を着ていることに違和感を覚えるんですね。海に行ってみそぎをするときも、本当は褌《ふんどし》もないほうがいいですね。何もない状態のほうが本当に自然な感じがするのです。人間は何もない状態でこの世に生

セルフポートレート

セルフポートレート
（斎場御嶽にて）

まれてきますし、やがてあの世に帰っていくときも、何も持って帰れません。ですから、私の原点は、岩に自分の裸を捧げることによって、岩は自分を宇宙と一つにしてくれるようなイメージがすごくあったのです。今思えば、石に呼ばれるきっかけは、母が亡くなった後の胎内回帰の経験でした。

裸の写真はもうありませんので、安心してください（笑）。

◇ゴトビキ岩／熊野信仰のもとになっている

私は、その後、いろんな神社仏閣、磐座《いわくら》とか石神、神が降臨する岩に非常に興味を持ちました。

これは（151ページ上写真）ゴトビキ岩という、和歌山県新宮《しんぐう》市にある大きな岩で、熊野権現が最初にこの岩に降臨したという熊野信仰のもとになっている場所です。2月6日、お燈《とう》まつりといって、男性だけ2000人ぐらいの方が、たいまつを持って狭い境内に集まりまして、一気に駆けおりるという神事があります。私は今から15年ほど前に参加しました。恐ろしいお祭りでした。皆さんが早くおりたいという思いで、出口で殴り合いのけんかをして場所取りをするのです。神様は荒ぶる人間に憑依

ゴトビキ岩と神倉《かみくら》神社

初代フォト霊号

することによって、人間を通して1つの形をあらわしているのではないか。神は非常に怖い存在ですが、人間を通して体現しているのかなと強く感じました。

ゴトビキ岩には今から20数年前に出会いました。神社とかお寺はもともと好きだったんですけれども、それから、その奥にある岩や巨木、自然信仰のもとになるような世界にだんだん惹かれるようになりました。「石の上にも三年」という言葉がありますので、「日本石巡礼」という旅を3年続けました。「初代フォト霊《だま》号」に機材と自炊道具を積んで、車上生活で47都道府県の1000カ所ぐらいを回りましたが、まだまだ回り切れないですね。これ（151ページ下写真）は奄美大島で撮った写真ですが、行けていない場所のほうが圧倒的に多くて、日本には磐座、巨石信仰がはかり知れないぐらいあるんだなと実感しております。その中で印象的なものを紹介したいと思います。

◇眼病が治る!?　イシカカムイ!?／青森市入内《にゅうない》の石神《いしがみ》神社

青森市入内の石神神社は、20年以上前に「ムー」という雑誌で知りました。きょうも先月号を持ってきました。

石神神社の石神さん

雪に埋まる石神さん

眼病の方が、この「石神さん」と呼ばれる石の「目」にあたるところにたまっている水を目につけると治るという信仰がある石です（153ページ上写真）。これは青森空港からわりと近いところですが、結構、山の中にあります。石段を上りまして、拝殿の裏に石神様があります。これ、何かに似ていませんか。

ちょっとどくろのような、エイリアンのような不思議な感じですが、私も顔に見えた。高さ約2メートル、周囲約6メートルの本当に大きな岩の塊ですが、天から降ってきたとか、アイヌの神「イシカカムイ」ではないかとか、いろんな説があります。石そのものが神というか、「石神さん」という名前にふさわしいものだなと強く感じました。

この石神さんは、1年のうち、半分は雪の中に埋まっていると聞きました。私はあまのじゃくな性格なので、冬、見たいということで行ってまいりました。雪が1メートル20～30センチぐらい積もっていまして、これが雪の石神さんです（155ページ上写真）。それでも、冬にお参りする方がいました。スノーモービルで道ができています。青森の方は雪でもお参りに来られている。そのぐらい信仰がある場所なんですね。

雪に埋まる石神神社参道

太刀割石

◇命名は水戸光圀《みつくに》!?／竪破山《たつわれさん》の太刀《たち》割石《われいし》

関東で特に私が好きな磐座が、竪破山の太刀割石です（155ページ下写真）。これは水戸光圀が命名したと言われています。高さ約2・5メートル、周囲約20メートルある大きな石ですが、もともとこの2つの石は同じ石で、一つの塊でした。それがパカッと割れて、このような岩ができた。伝承によれば、八幡太郎義家《はちまんたろうよしいえ》がこれを切ったと言われています。実際どれぐらい大きいかというと、写真で私がその上に乗っていますが、結構大きいですね（157ページ上写真）。

かつてJRの前、国鉄のころに「ディスカバー・ジャパン」というキャンペーンがありまして、この写真が使われたのです。この石は宇宙から見えるということで、宇宙服を着た人が石の上に乗った写真がポスターになっています。残念ながら、その写真は手元になかったんですけれども、そういうことにも使われていました。

◇榛名《はるな》神社のご神体／御姿岩《みすがたいわ》

私は群馬県出身で、地元で好きな場所は榛名神社です。神社が岩にはめ込まれてい

太刀割石の上に上る

榛名神社の御姿岩

るような感じで、高さ50メートル以上ある大きな岩がありまして、かつては地蔵岩と言っておりましたが、明治から御姿岩という名前に変わりました（157ページ下写真）。もともと神仏習合でたくさんのお寺もありました。明治になって宿坊はほとんど壊されてしまいまして、今は御姿岩がご神体として残されています。こういう神社を見ますと、岩そのものがご神体というものは本当にたくさんあるんだなと思います。

◇彦根市男鬼《おおり》の比婆《ひば》神社／別名「山の神」

私は、実は滋賀県彦根に2年間住んでおりました。そのときよく行っていたのが比婆神社です。彦根市男鬼というかなり山の中に、大きな岩の室のような場所がありまして、そこに伊邪那美命《イザナミノミコト》を祀る神社があります。かつては「山の神」という名前で、実は石田三成の出身地である長浜市石田町《いしだちょう》の人たちが祀っているんです。彦根市の方はほとんどタッチしていない。石田町の人が守っているという珍しい場所です。

◇日本一危険な国宝鑑賞!?／鳥取県の三徳山三佛寺投入堂《みとくさんさんぶつじなげいれどう》

これ（160ページ下写真）は鳥取県の三徳山三佛寺投入堂です。かつての山岳信仰の霊場として知られております。去年（16年）、鳥取県中部地震がございまして、しばらく登れなかったのですが、ようやく迂回路ができて、最近登れるようになりました。「日本一危険な国宝鑑賞」ということで日本遺産になっている場所です。岩のがけのところにお堂を建てる。日本のいろんな神社仏閣を見ますと、岩屋などにあえてつくられている場所が結構ございまして、岩そのものがやはり聖なる場所なのではないかという感じがしております。

◇赤岩《あかいわ》神社／かつての赤岩権現

鳥取県伯耆町《ほうきちょう》の赤岩神社です（161ページ上写真）。この岩が結構赤い。鉄分が錆びたような色なので、赤岩神社という名前がついております。かつては赤岩権現として信仰されておりました。鳥取県も、出雲と同じように、岩をご神体としている場所がたくさんあります。私は出雲に住んで4年近くになりますが、今、特に山陰地方

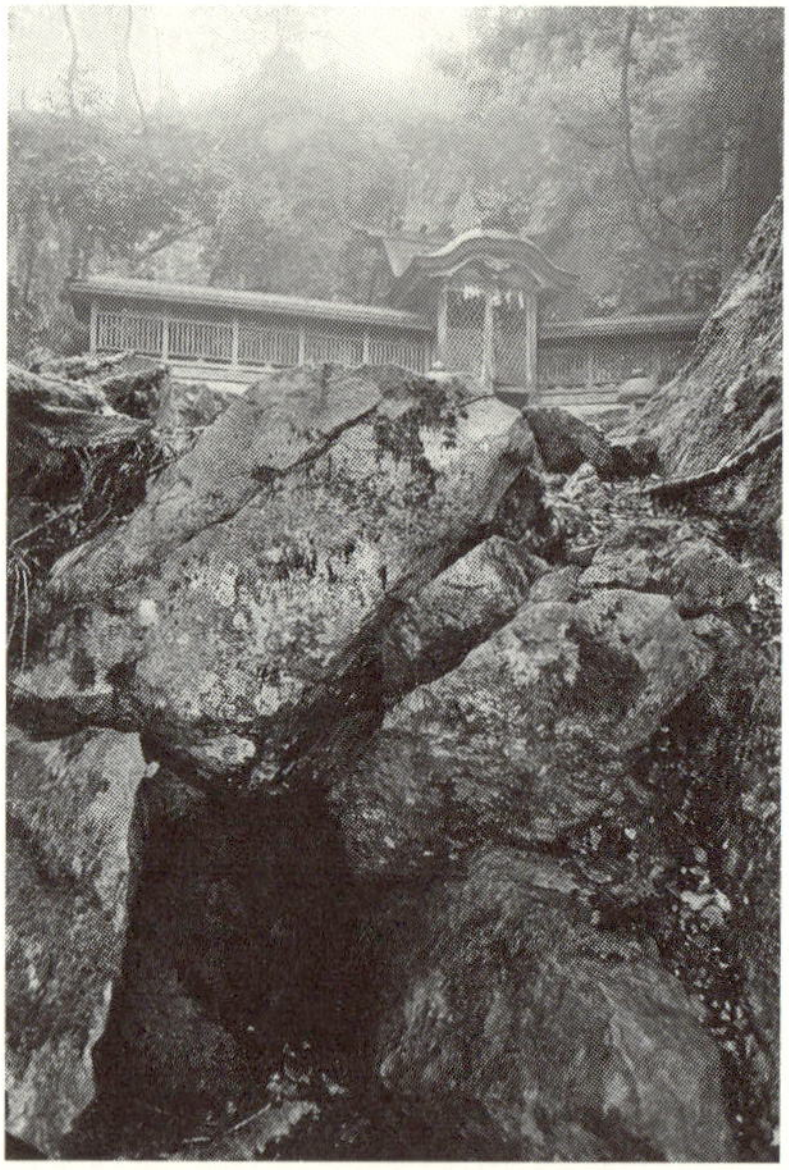

比婆神社

三徳山三佛寺投入堂

赤岩神社

焼火神社

をずっと回っております。山陰地方は神社とかお神楽が非常に盛んなところですが、磐座などのご神体もたくさん残っている場所です。

◇隠岐・焼火《たくひ》神社の本殿は岩の中

島根県隠岐郡西ノ島《にしのしま》町《ちょう》にある焼火神社です（161ページ下写真）。この神社は、岩の中に本殿が半分ほど入っている。この建物は、昔の組み立て式なんです。この神社自体は大阪で設計して、全部用意したものをこちらに持ってきて、ここで組み立てるという非常に独特な建築法です。かつて北前船が盛んなころ、ここに火が飛んできたという伝承がありまして、自然の灯台のような役目として、日本海沿いで船の安全祈願をするというたくさんの信仰を集めました。

かつては焼火山雲上寺《うんじょうじ》という、地蔵菩薩を祀っている神仏習合のお寺であったんですけれども、隠岐の島は廃仏毀釈が非常に厳しかったのです。お寺がほとんど壊されてしまいました。雲上寺は全面的に神社を表に出して守ったといいます。

ここの宮司の松浦さんとご縁をいただいているのですが、興味深いことに、神社の扉をあけると木造の地蔵菩薩が祀られていますので、今でも神仏習合を大事に守っているという珍しい神社です。

◇隠岐・壇鏡《だんぎょう》神社

隠岐には、壇鏡神社というのがございます（164ページ上写真）。壇鏡の滝は日本の滝100選にも選ばれている有名なところですが、その岩場の下に神社が祀られていまして、岩そのものが一つのご神体のような雰囲気があります。

隠岐島は世界ジオパークで知られています。私も隠岐は何度も行っていまして、神社がたくさんあるのです。それも大山《おおやま》神社というのがたくさんあります。ただの大きな岩があって、そこに社がある。名前は大体大山神社です。もし隠岐に行く機会がございましたら、そういう自然信仰が残る小さな神社がたくさんございますので、ぜひ行かれたらいいなと思います。

◇島根で最も好きな神社がこの立石《たていわ》神社

私が出雲に移住する前から、島根で最も好きなのは立石神社です（164ページ下

壇鏡神社

立石神社

写真)。この神社は、出雲では雨乞いの神様ということで、ここで雨乞いを祈願するという信仰がある場所です。大きな岩が3つあり、荒神谷《こうじんだに》博物館の測量調査によれば最大高さ12メートル、最大幅26メートルあります。多伎都比古命《タキツヒコノミコト》という大国主の孫神を祀っている場所ですが、古い自然信仰を残す神社だと思います。

ここには沖縄の御嶽のように森と木があって、ちょっと御幣《ごへい》があるぐらいで、きれいな東西のライン上に穴があいています。これは意図的につくったかどうかわかりませんけれども、春分の日、秋分の日は、向こうに何もなければ、その方向から太陽がきれいに上がるという構造になっているのです。

◇五島列島・沖《おき》ノ神島《こうじま》神社のご神体王位石《おえいし》

私が日本中を回っている中で、これはすごいなと思ったのが五島列島の北、小値賀《おぢか》町《ちょう》の、今、無人島になっている野崎島《のざきじま》の沖ノ神島神社です。ご神体は王位石《おえいし》です(167ページ上写真)。高さは24メートルあります。漁師さんの信仰を非常に集めた神社で、今でも1年に1回、漁師さんがお参りに行きます。かつてはこの石舞台の上でお神楽を奉納したそうです。江戸時代ごろまでは、本当に命がけのお神楽をしていたということを現地でお聞きしました。実は脇から登れまして、登ると、この石をいつごろつくったかというのはわかりませんけれども、人工的に載せて、溝を彫って石をはめているということがわかります。

◇宮古島の個人の家にある大事な石

今までは大きな石でしたが、今度はちょっと小さい石です。これ（167ページ下写真）は沖縄県宮古島の個人の家にある石です。教育委員会の方が教えてくれたのですが、この家の方が家の工事をするとき、この石をどけたら、次から次へと病気になったり、交通事故に遭ったり、いろんな災いが来たそうです。沖縄もそうですが、宮古島にはカンカカリャというシャーマンがいます。その方に相談したら、そこにもともとあった石は非常に大事なものだ、もとに戻しなさいと言うのを聞いて、それを戻したらそういう災いがすぐなくなったということで、今でもここにずっと置かれています。こういう小さい石ですが、何かその場所につながっている力があるのかなということを、教育委員会の方が教えてくれました。

王位石

動かせない石

世界の巨石の世界

次に、世界の巨石です。

私自身も、ヨーロッパの巨石文明、特にストーンヘンジに出会ったときに、ヨーロッパの人たちは何でこういう大きなものをつくったのかなと非常に驚きました。それと同時に、そういう巨石遺構を今から5000年以上前の文字を持たない人たちがつくり、なおかつ、それが天体観測やいろんな暦の役割を持つということで非常に興味を持ちました。その最初のきっかけがストーンヘンジでした。

◇最初のきっかけとなったストーンヘンジ

ストーンヘンジの近くのメンナントールに、ドーナツ状の石があります。これも今から4500年ぐらい前に人工的につくったものですが、ケルトには、幼い子どもがこの穴を太陽を背にして3回くぐると病気が治るという伝承があります。それを聞い

ストーンヘンジ

メンナントール

たとき、茅《ち》の輪《わ》くぐりを思い出しました。あれは石ではありませんが、6月30日に8の字に回ります。そういうものと近いものがあるのかなという感じがしました。ケルトと神道は、目に見えない世界を非常に大事にしている部分が似ている。向こうは妖精、日本は妖怪ですかね。妖精と妖怪は大分違うかもしれませんが、目に見えない世界につながる感覚は似ている感じがします。

◇柱《ちゅう》状《じょう》節《せつ》理《り》の島スタファ島のフィンガルの洞窟

イギリスのスタファ島は柱状節理の島です。フィンガルの洞窟で有名な場所ですが、この洞窟はメンデルスゾーンの曲のタイトルにもなっています。メンデルスゾーンは実際にこの洞窟の中に行ったときに、波の音とかから、いろんなインスピレーションがおりてきたそうです。彼の伝記を読むと、洞窟の中でその曲が生まれたと出てきます。洞窟は、そういう目に見えないインスピレーションが訪れる場所なのかもしれません。

フィンガルの洞窟

黄山

◇中国の黄山《こうざん》／かつての道教の聖地

これ（171ページ下写真）は中国の黄山です。かつては道教の聖地としてたくさんのお寺があった場所ですが、花崗岩の岩山に1カ月とかこもることによって、いろんな気をいただく行をしていたそうです。この山は歩いて2時間ぐらいかかるのですが、今はロープウエーで登ることもできます。ここをゆっくり見るには1週間ぐらいかかると言われています。広大な山全体が道教の聖地になっています。

◇なぜか日本人が好きなモアイ

日本人はなぜかモアイが好きです。雑誌「ムー」は必ず巻末のほうにモアイがちょこっと出ています。私も実はモアイが本当に好きなのです。自分の横顔がモアイに似ていることもありまして、どうしてもイースター島に行きたいという思いで、1998年に行ってまいりました。

行ったら驚きました。日本人が多いのです。しかも、新婚さんが多かったです。8組ぐらいいまして、私は現地人に間違えられて、英語で道を聞かれました（笑）。よ

モアイ像

掘り出されたモアイ像

く見ると『地球の歩き方』というガイドブックを持っていまして、「俺は日本人だよ」と言うと、へーッみたいな感じで驚かれました。私はどこに行っても余り日本人に見られません。実は東京に15年住んでいたんですけれども、山手線に乗っていますと、バックパッカーのアメリカ人とかによく声をかけられて、アメリカインディアンとかメキシコ人、フィリピン人、チベット人にも似ていると言われます。ですから、私は本当の地球人だと思っています。

最近、このモアイ（173ページ下写真）が掘り出されたんですね。これはインターネットの写真をお借りしていますが、実は非常に大きかったんです。イースター島の面積は小豆島ぐらいです。そこに約1000体のモアイがあります。ほとんどが内側を見るように立てられていたそうです。小さいものは2メートルぐらい、大きいものは10メートルぐらいあります。このモアイも多分9メートルぐらいあると思うんですね。非常に大きなモアイ像です。これを見ると、多分火山爆発によって一瞬にして埋まってしまったのではないかという感じがします。

モアイは、実は帽子があります。それぞれ形状の違った赤い岩を頭に載せていて、なおかつ、目も、これ（175ページ上写真）はペンキで描いているんですが、実際はいろんな貝とかきれいなものをはめ込んで、きれいな状態にしていたそうです。

帽子をつけたモアイ像

グレートジンバブエ遺跡の神殿跡グレートエンクロージャー

◇南部アフリカのグレートジンバブエ遺跡、神殿跡グレートエンクロージャー

私が世界や日本を回ってきた中で本当に衝撃的な出会いだったのは、南部アフリカのジンバブエに行ったときで、私自身、日本をきちっと見なければいけないなという思いになった場所です。

ジンバブエは、かつて南ローデシアといいました。アパルトヘイト、人種差別が非常に厳しい国で、1980年に独立したときに、彼らはこの遺跡の名前から国名をつけたのです。

グレートジンバブエ遺跡という世界遺産になっている遺跡ですが、「ジンバブエ」は現地のショナ語で「石の家」という意味があります。そのぐらい石が多い場所なのです。これ（175ページ下写真）はグレートエンクロージャーという花崗岩の神殿跡です。真ん中の石の塔は神のよりしろ的なものと言われていますが、高さが最高部で9メートルぐらいあります。

◇ドンボシャーのバランシングストーン／アポストは岩と交信する!?

首都ハラレから北40キロにドンボシャー（?）という町があります。そこにバランシングストーンという非常に象徴的な、有名な岩があります（178ページ上写真）。私はジンバブエに3カ月ほど滞在したんですけれども、この場所に非常に惹かれまして、毎週のように通っておりました。

ジンバブエは約100年間、イギリスの植民地でしたから、基本的にクリスチャンがほとんどです。クリスチャンですが、異端と言われるアポスト（アポストリック?）の人たちが集会をしていたんです。彼らは一切写真を撮るなと言ったのですが、遠くからこっそり撮らしていただいた（178ページ下写真）。この白装束の人がアポストの人たちです。彼らがユニークなのは、自分たちは建物の教会は要らないと言うのです。自分たちの教会は岩場であったり、ブッシュの中であったり、自然の中だと。どちらかというと自然信仰のような、土着の精霊信仰的な、フォークカトリシズムに近い人たちでした。

驚いたことには、ここで集会をして、それが終わると岩の中に消えていくのです。もちろん写真は撮れなかったのですが、岩の中に消えていったときに、ウワーッと叫

ドンボシャーのバランシングストーン

アポストの集会

ドンボシャーの巨石

ドンボシャーの岩絵

んでいる声が聞こえてくるのです。神がかったような、歌っているような、トランス状態だと思います。それがあちこちで叫んでいるのです。ですので、岩と交信しているような印象を持ちました。このアポストという人たちと出会って、アフリカのこの地は確かにキリスト教になってはいますけれども、古い形の土着の信仰が彼らの中には息づいていて、それも、岩というものを非常に大事にしているということをすごく感じました。石の信仰というのは日本もアフリカも共通しているんだなということを強く感じました。

ドンボシャーには、大きな胎内くぐりのような岩があって、こういう場所には岩絵(179ページ下写真)が描いてあります。コイサンペインティングといいますが、岩が祭祀的なものが発生するような場になっていったわけですね。

◇通称ゴールデンロック／ミャンマーの仏教の聖地

これ(181ページ上写真)はミャンマーの仏教の聖地です。通称ゴールデンロック、正式名はチャイティーヨー・パヤー、ミャンマーの三大仏教聖地の一つです。金箔に覆われた花崗岩の巨礫《きょれき》の頂上に7・3メートルのパゴダが載っていまして、

ゴールデンロック

ゴールデンロックの絵

全部金箔を貼られている。ここに行くのは結構大変です。ヤンゴンからバスで3時間、また乗り継いで2時間ほど移動します。さらにトラックの荷台に乗って、40分ぐらい山を登ります。日産ディーゼルのトラックです。

ここから歩いて1時間、標高1000メートルまで行きます。歩けない人はかごに乗ります。かごに乗るとしょっちゅうおろされて、あれを飲ませろとか、これを買えとか要求されたり、そういうことがあるんです。私は歩いていきました。

これ（181ページ上写真）はお寺の入り口です。ミャンマーじゅうの方がたくさんお参りに来ています。最初に通されるのがこういった場所です。あるお坊さんが、「ゴールデンロックは2000年前は空中に浮いていました。1000年たって、ちょっと落ちました。ブッダの髪の毛がストゥーパに入っているので、ブッダの法力で今でも落ちないのです」という説明をしています。2000年前を見ていたのか。お坊さんが言うので、多分本当なんだろうなとちょっと思いました。もしかしたら昔の人は、重力を変える力があったのかもしれませんね。はっきりはわかりませんけれども、そういうことを説明してくれるんです。

テーマパークのように、周りをぐるっと歩ける状態です。透明なお賽銭箱にたくさんのおカネが入っております（183ページ上写真）。私も透明な賽銭箱は初めて見

透明な賽銭箱

金箔を貼る

岩と岩の隙間にある紙幣と竹串

日が暮れ始めたゴールデンロック

ました。ここにたくさんおカネをお供えして、3回お参りするとお金持ちになれるという信仰があるのです。私はあと2回、まだ行けていません。

実際は岩盤の上にその岩が載っていまして、かすかに揺れているのです。この橋から先は男性しか入れません。人々は何をしているかというと、金箔を購入して、それを貼りつけているのです（183ページ下写真）。このお寺さんはいい商売ですね。この竹串のお札が微妙に揺れています（184ページ上写真）。

夜になるとライトアップされます。24時間、人が絶えません。私が世界中を回ってきた中でも、巨石の前で人々が24時間、何か祈ったり見たりしている光景は、多分ミャンマーのゴールデンロックぐらいなんじゃないかという印象を持ちました。

◇南米の巨石の新しい聖地!?／コロンビアのピエドラ・デル・ペニョール

南米で巨石の新しい聖地になるのではないかと思っているのが、コロンビアのピエドラ・デル・ペニョールという、高さ220メートルの大きな一枚岩です（186ページ上写真）。もともとはロッククライマーに非常に人気の岩山でした。ある方が40年ぐらい前に階段をつくり始めまして、今では山頂まで10分ほどで登ることができま

ペニョール岩

ペニョール岩からの眺め

す。

「ピエドラ」には石という意味がありますから、ペニョール岩です。登りと下りが違う道です。649段、途中にマリア像があります。マリア像があるなら、山頂に何かあるなと想像できますね。山頂にはカフェ&展望台があります（笑）。多分あと何年かしたら、羊飼いがマリア様を見たとかいうことで、カソリック何番目の聖地として礼拝堂になっているのではないかと予想しております。多分10年後ぐらいだと思います。聖地というのは新しく生まれやすいのではないかという感じがしております。

展望台からきれいな湖が見えるんですけれども、これはもともと人造湖で、それをせきとめることによって非常にきれいな景観になって、今では避暑地として観光地にもなりました。いずれは教会ができると思います。

◇オーストラリア・アボリジニの聖なる場所デビルズ・マーブルズ

オーストラリアのアボリジニという先住民の人たちの聖なる場所が、やはり大きな岩なんです。これはデビルズ・マーブルズといいまして（188ページ上写真）、高さ4メートルぐらい、花崗岩が玉ネギ状風化といって丸く風化していくのですが、ア

デビルズ・マーブルズ

エアーズロック

ボリジニの人はそれを虹色の大蛇が産んだ卵という捉え方をしていて、聖地として信仰されております。

特に有名なのがエアーズロック（188ページ下写真）で、地元ではウルルと言われております。私も世界石巡礼という旅をしたときに、エアーズロックの山頂に登りたいなという思いで行ったのですが、向こうに行って驚きました。

ずっと杭を打っていくと登れるのですけれども、アボリジニの人が、「We don't Climb（我々は登らない）」という見出しの説明板を英語とかいろんな言葉で書いているのです（190ページ上写真）。アボリジニの人は、観光目的で契約を結んで認めてはいるんですけれども、儀式をするために神官のみが登るのであって、本当は観光目的で登ってもらいたくないと思っているみたいです。実際ここで何人もの方が滑落事故で亡くなっているのです。非常に風が強かったりすると危険だということで、彼らにとっての聖地で亡くなることに非常に心を痛めているということを聞きまして、私は登るつもりだったんですけれども、これは登ってはいけないなということで、登らないで遠くから見させていただきました。

日本の磐座もそうですけれども、いろんなところを見て、やはりその土地の人の思いは非常に大切にしなければいけないんじゃないかと感じております。

エアーズロックの説明板

バーダーミ

南インド篇／弥生時代に日本にドラヴィダ人がやって来た!?

最後はインドの話をさせていただきたいと思います。

実は「ムー」の7月号に、南インドのエダカル洞窟の紹介記事を久々に書かせてもらいました。かなりぶっ飛んだ話かもしれませんが、「6000年前に描かれた異星人と超古代核戦争の記憶」、かなり怪しい記事です。

◇南インドのエダカル洞窟

エダカル洞窟には、6000年前の岩絵があるのです。それはモヘンジョダロとかハラッパの遺跡と非常に関連性があることがわかってきました。ハラッパとかモヘンジョダロは、非常に変わった死体がいっぱい出ていまして、放射能が高かったりして、古代核戦争があったのではないかという説があります。それに絡めたお話を書かせてもらっていますので、よかったらどこかで見ていただければと思います。

私は、去年とことし（16年と17年）は特に南インドを回ってきました。インドは非常に好きなのです。かつて日本に、弥生時代に南インドからドラヴィダ人がやってきたという説もあるぐらい、インドに行きますと、しめ縄とか、日本のお祭りの原型みたいなものを結構見ることができます。

◇岩窟寺院の跡バーダーミ

これ（190ページ下写真）は、南インドのカルナータカ州にあるバーダーミという大きな岩窟寺院の跡です。大きな岩をくりぬいて、そこに岩窟教会をたくさんつくっています。長い時間をかけてつくったジャイナ教のお寺やヒンズー教の神殿が、7窟ほどございます。

これ（193ページ上写真）はインドのバスの写真ですが、この絵を見てもわかるとおり、インドは本当に多民族多宗教国家なんです。本当にいいなと思ったんですけれども、左から、まずイスラム教のミナレットです。真ん中のガネーシャはヒンズー教を象徴しています。右はイエスです。多宗教で十何億という国民がよく一つになっ

バスの中に掲げられた 3 つの宗教

ヤナロックと寺院

ているなと。もちろんちょっと争いもありますが、それが一つになっていることが奇跡のような印象を強く感じます。

◇ヒンズー教の聖地ヤナロック

今回行ったのは、ヤナロックといって、カルナータカ州にあるヒンズー教の聖地です。これ（193ページ下写真）は石灰岩で、高さ50メートルぐらいある大きな岩山の麓にお寺がつくられています。ヤナロックの周りもたくさんの巨石がありまして、岩と岩に挟まれたような岩や、陰陽ではありませんが、陰と陰のすき間から光が入るという陰的な世界をあらわしているような場所（195ページ上写真）がございます。

ヒンズー寺院は、岩の洞窟を囲うようにしてつくられているんですね。これは本当は撮影はできなかったんですが、神職の方が中に入っているすきを狙って、こっそり撮らせていただきました。奥にシヴァ神の像が祀られています。胎内めぐりのような感じで、その岩の周りをぐるっと一周できます。

ヤナロックの胎内くぐり

エダカル洞窟の遠景

◇1600年前の岩絵／異星人のような不思議な絵などあれこれ

最後に、ケララ州のエダカル洞窟です（195ページ下写真）。ケララ州はインド南西部にありまして、インドの中では豊かな州で、クリスチャンが3割ぐらいいます。宗教はたくさんあるんですけれども、わりと宗教的な融和がされているということで、余りぼったくらない。インドはぼったくりのタクシーがほとんどで、それでインドが嫌になる人が多いのですが、南インドはそれも少ないのでまた行ってみたくなる。アーユルヴェーダも有名で、食べ物も非常においしかった。そういう面では、インドが苦手な人も、南インドは好きになるのではないかと思います。

エダカル洞窟は、標高約1000メートルのところの岩の割れ筋にあります。その麓にホテルがありまして、そこに宿泊して、朝行ってきたんですけど、この周りにはたくさんの巨石群が点在しています。

今、ナショナルパークのような形で州が管理しています。入り口からゲートを入っていきますと、インド人はペットボトルなどを普通にポイポイ捨ててしまうんです。そういう教育がまだできていない。今はデポジットみたいな形で20ルピーのシールを貼って、ペットボトルを持って帰ると20ルピーを返すということで、捨てないようにさせるという試みをしておりましたが、それでも捨てている人が結構いましたね。ですから、私も少し拾ったんですけど、インド人は余り拾わないですね。

大体30分ほど山を登っていくと、最後は鉄の階段を登っていきます。そうしますと、岩のすき間にこのような門が出てきて、門をくぐりますとちょっとおりていくのですが、両方に高さ8メートルの壁があって、岩絵はこの左右の壁面に描かれているのです。ここは1日約1000人が見学に来ます。多いときはもっと来ます。ケララ州の中では、6000年前の岩絵が唯一残っているということで、非常に大事にしているそうです（199ページ上写真）。

ガイドの方が岩絵についていろいろ説明しているのですが、例えばこの絵（写真なし）は、ここに頭に鳥の羽根をつけた人が1人おりまして、ここにも、ここにも頭がある。3人のダンサーが一つの儀式をしているという捉え方をしています。

ここに動物が描かれています。象です。これも6000年ぐらい前に彫られたといいます。

これ（200ページ上写真）がまた不思議なんですが、頭に四角いものをかぶった女性ダンサーです。体が女性らしい。それにしても頭がでか過ぎます。ちょっと異星人のような不思議な絵です。私はこの岩絵を一日中ずっと見ていたんですが、本当に不思議な感覚になって、夢に出てきそうな感じがしました。蓑をかぶった感じですね。

では、これは何に見えますか（写真なし）。ピーコック、孔雀らしいです。孔雀を非常に尊んでいたのではないかということです。

これ（199ページ下写真）はわりとわかりやすいと思います。ここに顔があって、羽根のようなものをつけて、2体のダンサーがいる。儀式でトランス状態になったダンサーが描かれた6000年前の絵です。

子どもから大人まで、たくさんの方がこの岩絵を見学に来ております。ケララの人はここを本当に誇りに思って、大事に捉えているみたいです。

私はこの洞窟から帰ってきて、その麓にキリスト教のモニュメントがあったのを見て、非常に感動したのです。岩のここに十字架があるので、明らかにキリスト教のモニュメントということがわかるのですが、いろんな場所にいろんな宗教のモニュメントを彫っていたのです。これは六芒星、ダビデの星です。これは月と星でムスリムの象徴です。こちらは陰陽をあらわしている太極《タイチー》で、こちらはヒンズーの象徴のプルシャです（各モニュメントの写真は202〜206ページ参照）。「石を通してみたら、宗教も一つ」ということをあらわしているような印象を持ちました。

エダカル洞窟は宗教的施設ではないのですが、ヒンズー教とかキリスト教とか、最

エダカル洞窟の内部

エダカル洞窟の岩絵

頭に四角いものをかぶった
女性ダンサー

エダカル洞窟の見学者

初にそれを見つけた人がそこに教会をつくってしまったのではないかと感じました。最後のキリスト教の施設が、モニュメントとして宗教的な図像を全部入れているということは、インド人は宗教を超えた、神は一つという感覚を持っているのではないかという感じがありまして、地球も一つの石と捉えれば、そういう小さなものは超えていける、つながっていけると感じさせてくれるのが巨石の世界ではないかと思います。そういうものをインドで学ばせてもらったような気がしました。

今回は、日本と世界をかなり駆け足で回ってきました。

私は出雲に住んで3年半余りになります。実は木内さんにも出雲に何度も来ていただいて、出雲の磐座とか、石神さんにご案内させていただいております。また秋にもご案内する予定ですが、私もここに住んで思うのは、島根県は日本の根っこだということです。日本の根っこは大陸と非常に近い。私は今、大陸との交易の玄関のような場所にいますので、出雲から日本全体のことを見ながら、また世界のことを発信したいと思っております。

ご清聴どうもありがとうございました。(拍手)

キリスト教のモニュメント

ダビデの星

月と星

太極

プルシャ

マコモをパウダーにして試したこと／マコモは電気を放出させる

木内　珪藻土というのがありますね。珪藻土は、その元素の中に電子が1個欠如している。それを補うために電子を1個奪ってくる。奪ってきたら、また追い出していくということで電気の流れが起きる。珪藻土の成分ができたことで、生き物が誕生したわけです。

ところが、去年、例の……。

須田　去年、実は木内さんに出雲に来ていただいて、マコモ講演会を開きまして、基調講演をしていただいたのです。それをうちのベジカフェ「まないな」が主催させていただいて、その後シンポジウムと、さらには磐座ツアーを2日ほどさせていただいた。その意味では、マコモのご縁で。

木内　本当の貴重な基調講演ですね。

須田　大社文化プレイスうらら館に全国から130人ぐらい来てくれまして、やっぱり木内さんファンの方がかなり。

木内　あそこで講演する前に、一回だけ実験してみたかったことがあって。生死をさまよっていたときに見てきたものが本当かどうか確かめたかったんです。乾燥したマコモをパウダーにして粘土みたいにするのです。珪藻土みたいにして水をまぜて、ある金属とサンドイッチにして、電極をつけてやって、太陽光を当てたらどうなるかという実験をして、電気をつくるんです。つまり、逆に言うと、電気の流れを促進させることができる、奪うことができるわけですね。だから、病気になったりけがをしたりしたときに傷が癒やされやすい。

そのマコモを出雲大社ではしめ縄に使ったりしているので、マイナスイオンが発生したりして、その流れを促進させる。人間も肩が張ったときに、電気の流れを促進させると楽になってくるじゃないですか。病気もそうです。病気というのは、電気がたまってしまう場合が多いのです。そこで酸化作用が起きてきて、滞りが起きてくるので、病気のところが余計ひどくなってくる。そこに金属イオンがいると余計に出にくくなってくる。マコモというのは、そういうことを昔から考えられていたんじゃないか。

出雲大社の「涼殿祭《すずみどのまつり》」／マコモを結界にしてその上を歩く神事

須田　出雲大社のマコモの神事というのを聞いたことがありますか。正式名は「涼殿祭」といいます。6月1日に出雲の森に神職が行きまして、そこで神事をして、千家《せんげ》宮司がマコモを敷いたところを歩く。つまり、天と地の結界、神様は地面に触れないということで、マコモを結界として、その上をずっと歩く神事が毎年行われるのです。それにマコモが使われている。

木内　現代の人間のほとんどはアースされていません。本来、動物はアースされています。体の中にたまっている電気を流していくのですが、人間は絶縁状態になっているでしょう。だから、本当は裸足であの上を歩くと、電気が流れていくから体が楽になりますね。ましてや、あれにくるまって寝たらどうでしょうか。

最近考えたんですけれども、着るものとか畳のようなものにマコモの繊維を織り込んでいったら、体の痛みとか、変なおできとか、ああいうのが取れてくる。もしかしたら体の中にあるおでき、僕はあえておできと言いますが、ガーンとくるようなおできがありますね（笑）。そういうのを電離的に引っ張り出すことはできないだろうかと。そんなことを考えていくと、さっき言った金属イオンを引っ張り出すけれども、そこにたまっていた電気が流れないと、血液の中を流れてくる酸素や何かがそこにくっついていって、酸化が起きて、余計悪くなる。それも引っ張り出していったら、ガーンというおできも流れができてくるんではないか。そうすると、それは治ることになりませんか。

いろんな実験の中で、畑でいろいろやってみたのです。そうしたら、作物の中から放射性物質などが結構見事に消えたのです。そのデータをもらってありまして、一緒にやった先生は会津の英語の先生ですが、農業をやっている。その方がつくって、実験を一生懸命やってくれていて、そういうものに打ち勝てるいい堆肥ができたのです。例えば、畑の中に放射性物質がたまってきて、作物がそれをどのぐらい吸い上げているかという検査があるのです。そうしたら、「検出されず」というデータが出てきた。これはすごいことだと思いませんか。だから、お米とか、食べるほうは全然安全だった。確かにおいしかったです。

そういうふうにその場をおさめる。だから、マコモをうまく畑や田んぼに鋤《す》き入れていくと、いい場ができるかもしれませんね。その土地にいい流れができる。

出雲大社本殿のしめ縄は「マコモ」で「蛇」をあらわしている!?

木内　僕はメキシコで見たのですが、メキシコに蛇がしめ縄みたいになって絡んでいるのがありますね。あれは同じ意味ではないですかね。蛇がやってきて、神様の入り口で穢《けが》れをどうのこうのというのがあるでしょう。出雲大社もすごく太いですけれども。

須田　出雲大社は日本一の大きなしめ縄といいます。出雲では、蛇巻《じゃま》きという言い方をします。出雲大社は左側が頭で、右が尻尾になっていて、向きが逆みたいです。

木内　世界中、同じようなものがありますね。マコモに着目して、昔の人たちは、例えば着るものや何かにもやったような感じです。

昔、日本に南朝と北朝とあったらしいのです。今は北朝系で、南朝に戻るようなことも言っているんですけれども、その南朝の天皇家というのがあるらしく、その方々に会ったときにいろいろ話を聞いたら、マコモの研究しているんです。びっくりしちゃった。マコモの繊維を漉《す》いて紙をつくったんだとか、信じられないけれどもすごいです。それから、布みたいなものをつくったりしている。

須田　皆さん、ちなみに出雲大社の本殿の中のしめ縄はマコモだと知っていましたか。

木内　知っています。

須田　それも斐川《ひかわ》という集落の17軒だけの方が代々つくっているのです。それは野生のマコモなんです。それをとりに行って乾燥させて、17軒だけがそれを一生懸命つくって、毎年4月の後半に、大祭礼の前につけるのです。

去年（16年）、木内さんに来ていただいて、出雲國まこもの会ができました。今、会員が１００名以上います。ホームページもありますので、興味がありましたらぜひのぞいてください。誰でも会員になれます。

まこもの会は、基本的に無肥料、無農薬でつくりましょうということが大前提です。そういう気持ちがあれば、皆さん会員になれます。その集まりで、マコモを奉納している方にお話を聞きましたら、毎年、本殿に長さ15メートルぐらいのマコモの大しめ縄をつくるというので、それをかけるのを4月24日に見させていただきました。びっくりしましたけれども、出雲大社本殿は結構高いんですね。そこにはしごをつけまして、マコモをつけたんです。それを見たら、まさにすがすがしい。

木内　それは重いでしょうね。

須田　5人がかりぐらいで担いで行ったのです。マコモをつける前に、拝殿のほうでご祈禱をするんです。マコモの小さいしめ縄もあって、本殿は一番大きなしめ縄です。あとは、「こも」といって、出雲大社は必ずお供え物はマコモの「こも」の上に載せるのです。マコモがなければお供えができないのです。こんな大きな「こも」を見せてもらいました。ちょっと感動しました。

神事は本来はぜんぶマコモで／マコモ風呂＋アース線がすごく体にいい

木内　マコモはまたお風呂に入れるといいんですよ。

須田　マコモ風呂ですね。

木内　だけど、言っておきますけど、アース線を引いておかないとダメなんですよ。ただマコモを入れて、そこに浸かっていたってダメなんですよ。体の中にたまった電子が外に放電されるわけだから（アース線の引き方はＰａｒｔ１の「体の帯電をアースするにはマコモがいいかも⁉」）。

須田　私、アース線引いてませんでした。そうですか。アースをちゃんとね。

木内　恐らくああいうところでは、穢れを落とす。塩で清めるというのもありますけれども、マコモで清めていく。

本来は、神事も全部マコモみたいなものでやるのが普通だと思うのです。私が見てきた世界ではそうだったのですが、いつからか麻になってしまったのです。麻は、そこまでの力がないのです。今の神事は全部麻ですね。

須田　神宮大麻とか、そうですね。

木内　あれはマコモでないとおかしいのではないかと思うのです。だって、一番確実に電気を引っ張り出してくれるわけですから。麻はそこまでの力はなかったですね。一回実験をやってみるべきです。すごいですよ。今はつくっているところが確かに少ないですが、家でこっそりつくっている人たちは山ほどいますよね。

去年、出雲であういう話をしたじゃないですか。それから火がついたらしくて、大変多くの人たちがマコモ、マコモと言って。

須田　去年のイベントで、私の周りも本当にすごいです。私もことしからマコモを6株、株分けしていただいて植えています。まだ1メートルぐらいですけどね。

木内　マコモタケもおいしいんだよね。

須田　黒穂菌がついて、生でも食べられますし、炒めてもおいしい。

木内　会場の中でマコモを知っている人はいますか。

参加者A　植えています。

木内　いいことですね。家の中の変な霊とか奪ってくれる。炭などは電気の流れをよくするだけですけど、マコモは電気を放電する、引っ張り出す力がある。

参加者A　葦舟のようにそれで揺りかごをつくって、赤ちゃんを寝かせたらすごくいいかなと思って。

須田　マコモで葦舟、いいかもしれませんね。

参加者A　子どもたちを守らなくてはと思いまして、考えています。

木内　それはそうですね。私たちも、頭に血が上り過ぎている人たちも多いし、カッカしているから（笑）、マコモでも食べて放電させていかないと。絶縁状態になっているから、人間はおかしな考え方を持つんじゃないですか。みんな体にすごい勢いで帯電しているわけでしょう。この中で、1日1回ぐらいは地面の上を裸足で歩く人はいますか。いないですよね。それだけ電気をためているということは、私たちはコンデンサーになっているわけですから、最近金属とかアースされているところに手を近づけると、バチン！とすばらしく気持ちいいですよ（笑）。

近い将来、日本はマコモで救われる⁉

木内　僕は、将来的には、マコモが日本を救うのではないかと思っています。なぜかといったら、電気の流れが第一だし、人間の体を治すというのが第一ですからね。だから、神社で使っているわけです。神様の世界ですから。

さっき言った因幡の白ウサギは、それで傷口の治りが早かった。

須田　あと、お釈迦様もマコモの上に横になって。

木内　あれは気持ちいいでしょうね。マコモを敷いて。

参加者A　今、むしろというか、ござがあります。

木内　あれはいいですね。あれもやっぱりアースしておいたほうがいいですね。必ずアースしなきゃいけないですからね。

須田　アースは金属を使って。

木内　地面にアースするかな。あるいは、今はコンセントも緑色の線がついているかな。でも、業者によっては、実際につけていないのもあるからね。形だけあるけど、後ろ側に行ったら何も地面の中に入っていなかったりする。そこはしっかり確かめて。

須田　ちゃんと地面にやることが大切ですね。

木内　昔の文化はそういうものがあったというのはすごいし、出雲地方は、スサノオの世界であったわけでしょう。あそこに磐座がいっぱいあったり、立石神社《たていわ》もすごいですね。昔は、こういう石が横に並んでいて、奥にスクリーンみたいな平らな岩があって、本当はここの間に石と石が共鳴するものがあるんですね。その距離というのがあって、ある程度近づけていくと共鳴し始める。雷とか空中放電されるのが共鳴してくると、ここに映像みたいなものが映り込むのです。

共鳴振が起きるトコロに亜空間、パラレルワールドができる

木内　この前、立石神社で向こう側に人が上っていたんです。白黒の感じなんだけど、あれが見えるのです。そういうときに一緒に行けば、一番よくわかります。神社なんか、鳥居もそうだけれども、同じような大きさの木があって、だんだん近づけてくると、ああいうものは振動しているわけです。お互いに振動していると、共鳴振が起きて、ここに亜空間というか、別の空間ができるんじゃないかと僕は思っているんです。そうすると、例えばパラレルのもう一個向こうなのかな。

小柴先生のやっていたカミオカンデの実験では、あれだけの水を使って、その中にプラスの電子を持ったものが飛び込んでくる。これがニュートリノというものですが、1個がぶつかると、プラスとマイナスの意識の5次元の中では、行って来いが消されてしまう。そのエネルギーの消滅を使うと、すごく強い新しいエネルギーになるということを小柴先生は考えているんです。

なぜ詳しいか。小柴先生のところに講演会に行ったから。そして、質量があるとい

うのは、思いきり光るわけです。こちらにレンズみたいなものがいっぱいついているでしょう。あそこに入った光を増幅して、カウントするのです。じゃ、それは何なんだと言われれば、亜空間。パラレルのもう一つの世界です。

意識という世界があるから、科学者も最終的には神頼み!?

須田　去年、立石（神社）さんにご案内したとき、白龍が出ていたとおっしゃっていましたね。

木内　たまにあるんですよ。白龍さんとか、ウワーッと立ち上ってくる。あれは何で見えるんだろう。

須田　雨乞いの神が龍だったんでしょうか。

木内　海の神だから、水とかそういうものをあらわしますね。ああいうのはすごいですね。

そうしたら、いろんな神事の中で、白龍神をつかさどる人がいるんですって。この人がそういう世界でそういう思いをするだけで、いろんな現象を起こすらしいですから、白龍さんを怒らせたらいけません。

あれも放電現象もあるのかなとか、いろんなことを考えた。でも、最近、そういうことを考えるとくだらなくなってくるなと思って。科学的に追究したからって何なんだ。なぜかというと、物質だけの世界でなくて、意識という世界が存在しているじゃないですか。そうすると、見えないものも見えてくるのは当たり前の話であって、それをこれから解き明かすということでしょう。

初めて見た現象に対しては、科学的根拠はないのが当たり前です。だけど、その現象を見たところから始まって、それは一体何なんだと調べるのが科学の世界だと思うんです。そういうことをやっていきたい。そうすると、ちょっと異端に思われる。はなから異端に思われていますけど（笑）。あいつは変わり者だからとか、いろんなことを言われた。やっぱり、生死をさまよった世界の話で、見てきたものを追いかけてみるとか、そういうことは本当に難しいですね。

特にいろんな学者には言いづらいですけど、ロケットを打ち上げているような先生方や天文学者は、これを信用していますよ。つまり、最後には、神棚があるんです。拝んでいるあの姿を見たとき、笑っちゃったね（笑）。科学の最先端をやっている人たちですよ。その人たちが最後に拝んでいる。

須田　それは何の神様なんでしょうね。

木内　わからないですけど、何かあるんでしょうね。今度、ロケットを打ち上げている打ち上げセンターみたいなところに行って、神棚があったら写真を撮ってこようか。最終的には神頼みだ。いいじゃないですか。

死んだとき見えてきた古代出雲の様相

木内　出雲の地域の人たちは、おもしろい人が多いんじゃないですか。

須田　確かに不思議な。私は言葉もよくわからないんですけど、出雲人は自分たちの独特な世界を持っている方が多いですね。

木内　あそこにお酒をつくって、振る舞い酒をやっているところがありましたね。

須田　佐香《さか》神社。酒発祥の地と言われているんです。

木内　あれ、いいですね。

須田　どぶろくをつくって、1年に1回、奉納する。

木内　俺は飲めないんですけど、好きな人たちが行ったら、あそこから離れないですよ（笑）。

須田　どぶろくを振る舞う。

木内　最高ですよ。前に行ったときは、そんなに人数が多くなかったですね。だから、飲み放題みたいな。

須田　私はお酒が好きなんですけど、島根はおいしいです。独特の古い、小さい酒蔵さんが多いんです。神事もちゃんとやりますしね。

木内　神事があるから、お酒が必要だ。絶対にヤミではない。

須田　「出雲市地酒で乾杯条例」というのがありまして、最初はビールではなくて、地酒で乾杯しましょうというのをやっています。いいと思います。

木内　いいですね。沖縄ですと泡盛ですけど。

　出雲というのはまだまだいろいろとある。今の千家さん、北島さんよりもっと古い時代の人たちがいるはずですね。当然その人たちがつくっている文化に、国司としてあの一族が来ているわけですね。

須田　管理するためのね。古代出雲王朝というのがあったと言われていますけど、出雲族の人たちは、実は結構たくさんいらっしゃると思いますね。

1500年前奈良と生駒の間に隕石が落ちて滅んだ王権があったはず!?

木内　その昔の話で、見てきたようなことを言いますけど、今から1500年ぐらい前に朝鮮のほうから流人として流れてきた人たちがいて、その人たちが福井県の白山《はくさん》の麓に都をつくり始めた。そのころ、隕石の落下があったのです。落ちたところが星《ほし》田妙見宮《だみょうけんぐう》です。

須田　大阪府交野《かたの》市の。

木内　多分そのころ、奈良と生駒の間ぐらいのところに、政《まつりごと》を治めていた大きな都があったと思うのです。それが隕石によって一瞬にして滅んでしまうのです。なぜかというと、その隕石の大きさからして、直径が200キロ、2000℃近い温度の熱のドームです。原爆が落ちるとドワーンとなりますが、あれが起きたのだろうと推測できるのです。そうしたら、滅んでしまうでしょう。

須田　一瞬にしてね。

木内　そのときに喜んだ人がいた。それまではスサノオさんの時代があった。スサノオさんは今から３５００年前なんです。歴史書にはそう書いていないです。ただし、私は見てきたようなことを言っています。これは北斗七星の形の違いで年代測定をしていますから、多分そんなに狂っていないと思うのです。そうすると、３５００年ぐらい前。こういうことが大切なんですよ。本当に見てきたなら、見てきた年代の証明がちゃんとつかないといけないので、そういうことをやるのです。

その隕石が落下したのが、今から約１５００年前。西暦５３５年に地球的規模で隕石が落下しているのです。日本の大阪あたりにまで落ちている。そこら辺にイリジウムが大分発見されているから、間違いなくそのうちの一つだろうということがわかってくるのです。

そのときに、朝鮮のほうでいろいろ問題となってけんか別れした一派が、3年か4年ぐらい前に日本に来ていたのです。どこの家柄かというと、余り大きな声では言えませんが、千代田区千代田1番地1号の方々です（笑）。そこでちょうどいいあんばいに滅んでくれたから、ここを治める者がいなくなった。じゃ、私がかわりにやろうかと、とんでもないことを、いや、すばらしいことを考えた。よく考えたら、出雲に彼らの親戚があった。

出雲を守っている人たち、熊野一族の勢力はものすごく強くて、うまいことを考えたんですよ。こっちのグループへ行って、あいつらはこういうことを言っているよ、あっちのグループに行って、あいつらはこういうことを言っているよと言う。そうすると、この人たちはずっと怖いものになっていくわけです。ああいうことを言ったからこういう世界になったのではないかとか、災いが起きたのではないか。たしか祟り信仰をやっているお家柄の方がいますね。どことは言えません。そうすると、すごく納得しやすいでしょう。だから、あそこは国司を派遣して治めるようになってきた。

日本国はもともとはスサノオ様の土地で、いまだにそうですね。だから、熊野大社に土地代を払いに行く儀式があります。

須田　毎年。亀太夫《かめだゆう》神事ですね。

木内　土地代を払いに。餅と。

須田　餅と交換ですね。

木内　1年間の保証をして。優しいから、いまだにお餅で我慢している（笑）。でも、それが神事で残っているのはすごいんじゃないですか。歴史の中では、そういうことをあらわしていると思うのです。余り大きな声では言えません。ここだけの話です（笑）。でも、それはそれとして、歴史ですからちゃんと認めていかなきゃいけない。

たたらより古い隕石を元にした鉄の文化が存在していたはずだ!?

木内　出雲のあの辺は、鉄もとれたんですね。今は「たたら」と言っている。それよりも古い時代があったんです。たたらの時代は、どうも今の歴史学者がトルコのヒッタイトの関係で、鉄を溶かしてやる溶鉱炉のようなものと言っていますが、それよりも古い時代があったんです。その鉄を使って刀とかいろんなものをつくった。だから、それよりもはるかに古いものが実際にあったんです。

星田妙見宮のあそこは、１５００年ぐらい前だから大分新しいのですが、隕石の落下でとれた隕鉄でつくった刀があって、あそこら辺は鉄がとれないのに、溶鉱炉を持っていて、それが不思議でしようがない。

けいはんな学研都市ができたとさっき言いましたね。そこで基調講演をするときに、そこの教育長さんが、枚方《ひらかた》にある交野天神社《かたのてんじんじゃ》の宮司さんだったのです。ややこしいのですが、交野天神社は交野市にない。そこでそういうことが起きて、調べていくと、隕石の落下で鉄がつくられて、それを掘り出して、刀をつくっていたのではないかということで、これはすばらしいです。あそこはクレーターです。星田妙見宮に隕石がこういうふうに落ちているから、こっち側にめくれていて、ここの中にあった岩が外に飛ばされているのが磐船《いわふね》神社です。ちょうど一直線上に並びます。（P226図）

これから8月になるとペルセウス座流星群が見えますが、その母なる彗星、スイフト・タットルが行方不明になった。それを再発見したのが私なんです。

須田　すばらしい。

大陸は動いている／だから過去の方角の指標は全てずれている!?

木内　再発見したことから過去にさかのぼっていくと、その彗星のルート上、通り道

交野が原の隕石落下の図

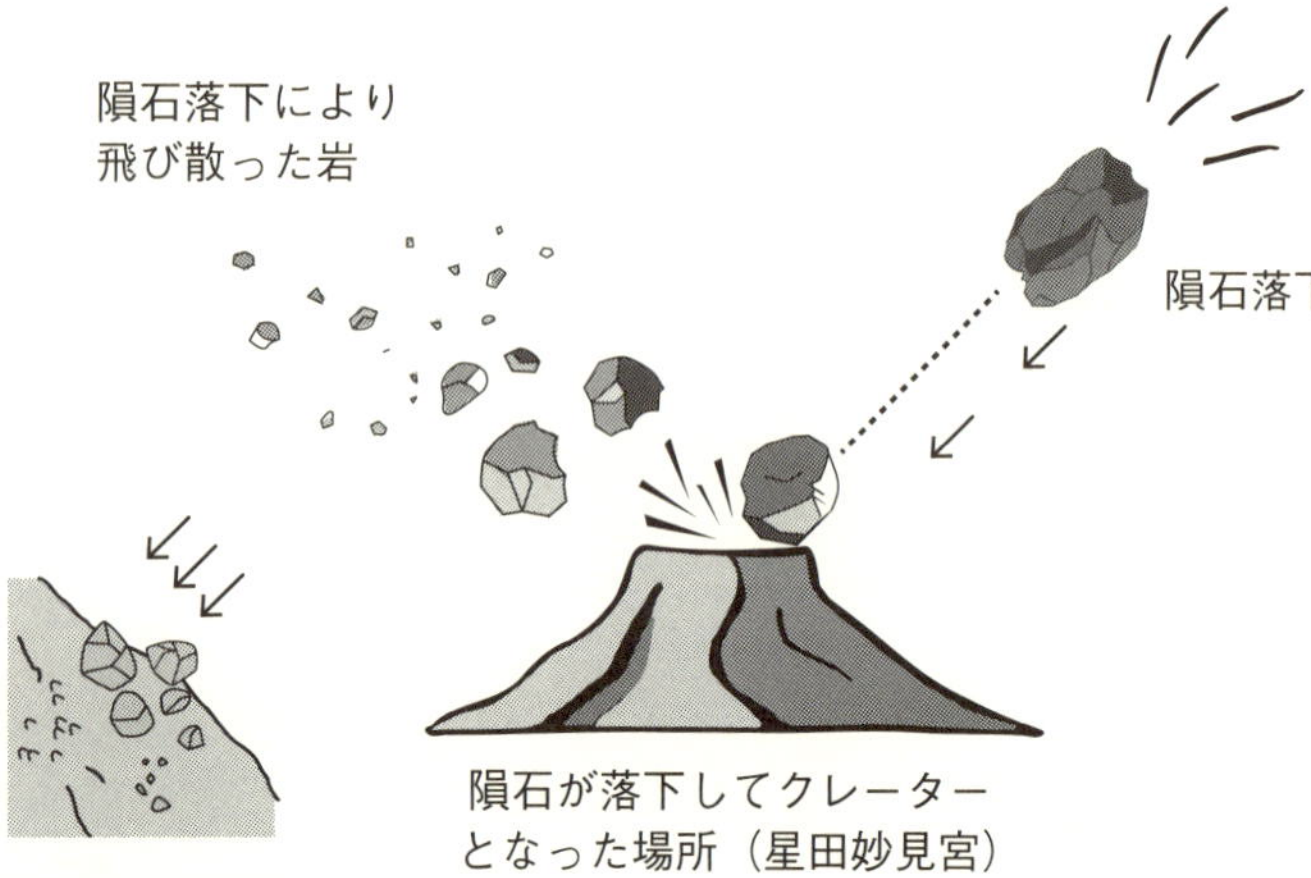

木内鶴彦氏が再発見した、スイフト・タットル彗星のかけらの鉄の部分が、星田妙見宮と磐船神社に落ちた。

の隕石のかけらが落ちていた。それであのクレーターができた。この星のもっと過去に行くと、おもしろいことに気がついたのです。

キリスト教系の方におなじみのベツレヘムの星というのがあるじゃないですか。あれはイエスが生まれるのを案内したと言われている。偶然にも、その星に当たるのです。俺は悪くないんですけど、そういうものを再発見する。行方不明になったというのは大変なことだったんです。

須田　それは大分前ですか。

木内　発見したのは1992年9月です。あのときに、この彗星からどうやって地球を守ろうかとか、いろんなことをよく考えた。地球防衛宇宙構想なんて考えて、若造なのに偉そうなことをやっていたんですね。

そういう歴史の中で起きてきているということになると、まず第1に必要なのは、実際にそういうことがいつごろ起きたのか。その裏づけとしてどういうことがあるのかを調べていく。今、私の場合は、生死をさまよっている中のことで、片手落ちですから恐らくは信用されないと思いますね。誰か一緒の研究者がいればいいんですけども、それがいないということはしようがないですね。だから、自分の中でそれを調べて、本に残してみようかな。

地球そのものも、月が地球の周りを回っているというのは知っていますね。本来は、今の地球よりも質量が弱くて、引力も弱い時代があった。それが今、増しているわけです。それは月によって変化がもたらされているわけです。私たちの体内時計は25時間だと知っていますね。だけど、今は1日が24時間でしょう。月の影響によって、その変化は起きている。

昔の遺跡、例えばメキシコの遺跡とか、日本でもそうだけれども、磐座の上に行くと石が割れていて、北を指すとかやっているけれども、あれはずれていたりするんですよ。北を指していない。今の解釈でいうと、だから、これは違うんだということになっちゃうわけですね。

それは大陸が動いているからなんです。そこでつくられたものは少しずれてしまう。例えば、メキシコのチチェン・イッツァのピラミッドで、階段に蛇の影ができる。あれはそのためにわざわざつくったのか、本当は東西南北をきれいにしたくてつくったのかという議論もある。結論を言えば、本来は、東西南北をきれいにつくりたかった。それが、北を向いて東側に17度ずれているわけです。

だけど、地球のプレートでは大西洋海嶺というのがありまして、大洪水の後、陸地は押されていくわけです。動かしていくと、東側にずれる。17度ずれたということは、それが戻していって、きれいな東西南北だったころにつくられたものだったという考え方になったほうがいいと思うのです。

そういった考え方で解き明かしていくと、真実が見えてくる。今合っていないから間違っているとか、これは違うものだ、ではなくて、ずれているということが大正解の場合もあるわけです。

そういうような見方で調べていく。それが生死をさまよったときの時代背景とどうなのかというのも調べていく。こういうことをやっているとだんだんおもしろくなってきて、これからの余生――まだ早いような気がするんですけど、余生ですね。早くやってしまわないと、ボケるかもしれないしね。

こういうことは大切なことで、例えば月がいなくなったときに地球の環境はどうなるかというと、昔の地球のようには戻りません。降り注いだ水の分が残ってしまいますね。月はいなくなる。地球が残る。水の量も変わらない。そうなったときの地球の環境がどう変わるかということを想像して、将来を見きわめていくことも必要です。今はそんなことは関係ないと言うかもしれないけれども、今だからやらなきゃいけないことは多いと思うのです。これからの子孫たち、孫たち、ひ孫か何かわからないけれども、そのために。

いずれ皆さんが私と同じようなことをして亡くなったときに、ちょっと遊んで歩いて、帰ってきて、やっぱり未来はなかったんだなと思っていると、未来の自分を見つけるでしょう。まだ3カ月ぐらいの胎児に入るわけですけれども、そこから続きの研究をしていくことができるわけです。そういうおもしろいことができるんですけど、やってみたいと思いますか。

私は、これは次に続けてやっていきたいと思う。前回も続けてきたわけです。今回でしょう。そういうのをやっていると、だんだんおもしろくなってきて、何年先までやれたらおもしろいかなとかあるんですよ。

出雲大社の神迎神事《かみむかえしんじ》、佐太神社《さだじんじゃ》の神等去出神事《からさでしんじ》はなぜ夜中にやるのか!?

木内 私は熊だったんじゃないか(笑)。龍村さんに言われたんですけど、「木内君はツキノワグマだった」と。星野さんはヒグマだけど、私はツキノワグマと言われて、何だ、ツキノワグマか、ちょっと弱々しいかなと考えちゃったのです。山にいて星を見ている最中に、熊に出会ったり結構するのです。山を歩いていて、何かに出会ったことはないですか。

須田　熊はないですけど、鹿とか。

木内　鹿はおいしいんですよ（笑）。みんな食べるものになっちゃう。熊の肉は結構かたいですけど、食べてみるといいですよ。

須田　よく食べられますか。

木内　長野県人は大体食いますよ。ヒトは食わないですけどね（笑）。

出雲というのは、何であそこを選んだんだろうか。昔は日本海側が交流の場所というか通り道で、太平洋側が逆に何も使われていない地帯。なぜ西側なのかというと、太陽が休める御座所《おましどころ》というのがあるんですって。向こうの西側のほうに太陽が休む。朝は東から上ってきて忙しいんだ。昼間は忙しいわけだから、夜ゆっくりしたときにご挨拶に行くということになると、そこが表になるわけです。だから、西表《いりおもて》という言葉があります。西が本当は表なのです。

昔の皇族の方々が何かいろいろ決め事をやるときに、夜中にこそこそとやるんだそうです。そういえば、出雲大社もそうじゃないですか。

須田　実は出雲大社も神迎神事というのがあるんですが、8月14日にもう一つ、神幸《しんこう》祭《さい》というのがあります。それは夜中にやります。これは人が見たらもう一回やり直す。昔は、基本的に夜は出てはいけない。夜なので一切見たことはないんですけども、8月14日にやっています。

木内　それと、佐太神社の。

須田　神等去出神事、夜中ですね。

木内　あれはスサノオさんの御霊があの世から帰ってきて、しばらくいる。だから、スサノオさんを祭っているところの人たちは神在月《かみありづき》なんですね。さっき言ったお餅をもらって、また船に乗せて、黄泉の国に帰ってもらうという儀式でしょう。「ここではそういう話はしていないですかね」と言ったら、宮司さんに「ちょっとちょっと」と呼ばれて、「あなた、何でそんなことを知っているんですか」と。「いやあ、見てきたようなことを言っているんですけど、やっぱりそうでしたか」と言ったら、「今度ぜひ来てください」と言われましたよ。

一番左側のお社にスサノオさんが鎮座しています。何をやっているかわからないですよ。カタコトカタコト、足音だけ聞こえるのです。ダッタン人の踊りなんですね。ドカンドカンとやたらと変な音がして、何をやっているか全然わからないんですけど、怪しいですね。あれは何で夜中にやるんですかね。

須田　伊勢神宮もそうですけど、大事なお祭りはやっぱり夜ですね。昼間はイベント的なお祭りですね。

木内　昔、海外の人たちが皇族に会うと、「みんな眠そうな顔をしている」と言う。夜中やっているんだから、眠いわけだよ。昼間は眠くて、みんなボーッとしている。それで日本人に対して油断するから、そういうことになる。よくわからないことを言っちゃいますけど。

九州の人、怒らないでください!?／天孫降臨の場所を見つけてしまいました!?

木内　今回、おもしろいものを一つ見つけさせてもらった。これ、言っちゃっていいのかな。私が知っている天孫降臨の場所が見つかったんですよ。やっぱりすごい。九州ではない。九州の人、怒らないでくださいね（笑）。さっき言った死の世界と同じ。

この世の鳥居からずっと下がっていって、地中に入っていく。そのうち、途中で川が流れているんです。それを越えるとあちらの世界に上っていく。天に召される。神になれる。天孫降臨でそこの場所にはいろんな神々がいて、「治めよ」と言われて。

石と石があって、風が吹いたりすると、音が聞こえるんです。人がしゃべっているような、そわそわ声みたいな感じに聞こえてくるんです。それが僕の頭の中では、「あわの歌を3回唱えよ。ここで舞をせよ」と言うのです。それはここに来ればわかるんです。そうしたら、何かおりてくるらしいんです。乗り移るのか、よくわからないんですけれども、そこで何か声を発するらしいんです。それをやるのは男ではない。どういうわけか女性なんです。俺が行って裸踊りをしたほうがいいのかなとか、いろんなことを考えた。郡司さんの裸踊りもいいかもね（笑）。余計なことを言ってはいけない。だけど、すばらしいでしょう。いまだにそういうのがあって、そういうのが聞こえるということは、昔の人たちはそういうものであの世の世界とつながって、情報を得たんでしょうね。あそこの地域は、出雲からの通り道にもなる場所の近くですね。だから、昔の街道筋の近くなんでしょうけど。

出雲大社の入り口あたりの旅館のところにある石を写したんですね。そうしたら、このぐらいの緑色の球体が写っているんです。そんなの絶対に映りっこないっていうところ。しかも、緑色って意味がわかりますか。カメラのいたずらとかそういうものじゃないというのはすぐわかるわけで、何だろう。真ん丸なんです。そこに何か映っているんです。あそこら辺はそういう異空間とか亜空間とか、ああいうものがボコンボコンできるようなところが多いんですか。さっき言った立石もそうでしょう。

須田　あと、神魂《かもす》神社の裏の。

木内　あそこね。すごいところだらけだね。やっぱりあそこら辺に神々が宿る。昔から何かあるんだろうね。さっき言った石と石が共鳴して、振動が起きて、バイブレーションによって空気のあれを何か変化させているとか。それが異空間であって、そのものと同じようなものの質量がぶつかり合ったら、一瞬にして大爆発を起こしちゃいますね。そのエネルギーを使って新しいエネルギーを考え出しているのが小柴先生ですから、危ないことをやっている。なんて、そういうことはないんですが（笑）。

出雲の人たちは、やはり何かを隠しています⁉

木内　昔の遺跡とか神社の考え方、それも1500年前よりもっと古い時代のその地域の神に対する考え方は本当に知りたいですね。出雲の人たちは、何か隠しています。

須佐神社と天照社と向かい合っている。あそこの宮司さんといろいろお話をしたら、最初ムッとしたんですが、ここではこういうこともありましたよねと言ったら、やっぱりさっきの佐太神社のときと同じことを言われるんです。「何でそんなことを知っているんですか。これは普通は言ってはいけないことで、知られちゃいけないことなんです」と。それで、「そうですか。見てきたようなことを言っています」と話をしたら、本当にそういうことで、それは間違っていないんです。なるほど、こういうところはそういうことがあったんだ。神々の世界の存在が、あの地域には。別の意味で、古い人たちは完全に自然信仰であったなと思います。

あと、八重垣神社がありますね。あと、須我《すが》神社にも八重垣という場所があって、須我神社の宮司さんは、自分たちが本物だと、ちょっとしたことでもめているんです。

どうでもいい話なんだけど、須我神社の人たちは狩猟民族の方々で、こちらの八重垣はイノシシとかそういうのを捕まえて入れておくための垣、要するに囲いです。八重垣神社のほうは、集落をつくるときに囲いをしておくのです。いろんな獣がいるので、そういうのを防ぐために囲いをつくってあるのですが、それも八重垣というんです。だから、囲いの中に獣がいるか人がいるかという違いだけで、両方同じ「囲い」という意味なのに、何でそんなにいがみ合っているのかなと思うのですけれども、何か言っていましたね。去年（16年）、八重垣神社でも講演させていただいて、本当のことがわかってよかった。

質疑応答　オーブについて

参加者B　緑のオーブみたいなのは、どういう意味なんですか。群馬県の榛名神社で幾つか写っていたのです。レンズのフレアかなと思ったら、木内先生も緑のを……。

木内　確かにレンズには緑色のコーティングはするんですけれども、それとは全然違いますね。コーティングは緑だけじゃないから。でも、あれは何なんでしょうね。僕もよくわからないです。ただ、その中に写り込んでいるものがある。

参加者B　それは拡大してみないとわからない。

木内　拡大してみたらいいですよ。ぞっとするものが出てこなければいいですが。

参加者B　あとは、若いころに河口湖で、ひし形のオーブがたくさん写っていました。人の顔みたいなんですけど。

木内　それは起きにくいよね。

須田　そうですね。余り……。

木内　絞りの関係？

須田　どうでしょうね。

木内　写真には結構うるさいほうで、私は写真に写っているものの調査をすることもやったことがある。「こういうのがまた来ているけど、ちょっと調べてやってくれない」と言われて。それは何でしょうね。見てみないと何とも言えないですけど。

司会　須田さんは写真を撮られるから、何かいろいろご存じですか。

須田　私はほとんど写ったことがないんです。

司会　木内さんの写真を以前、見せていただいたことがあって、突然、亜空間がそれに写っていたんですね。写真の中に丸い形があって、その向こう側にもう一つ世界がある。

木内　あれは、いただいた写真です。リビアという国で、ゼウスですね。

司会　そこにいらっしゃったわけではなくて、その写真をいただいたと。

木内　一緒にいたんだけど、その場にいた人が写してくれた。あれこそびっくりです。

司会　木内さんが一緒にいると、そういうことが起きやすいんですね。

木内　以前に東京で講演会をやって、僕がしゃべっていて、この周りをちょっと薄暗くしていた。写真を撮ってくれる人がいるんですが、僕の後ろが渦を巻いていると言うんです。僕だけは普通に写っているんだけど、後ろが。ほかで撮っても、誰が撮っても、生死をさまよったときの話をしていると、やっぱり渦が巻いてくるわけです。グジャグジャになってくる。何でと言われても、俺はよくわからない。今こうやってしゃべっている写真も撮ってみたら、俺のバックにぐにゃっとした空間ができてくるかも。

講演していて、僕があちらの世界に没頭していかないとダメなんです。意識が行っているとと、空間がゆがんじゃうんだね。時たま、自分で自分の話を聞いていることがある。自分が聞いているけど、口は勝手にしゃべっているわけです。

例えば、ペルーで大洪水の後で岩に挟まれている人がいる。こっちは見えているわけです。それで話をしていると、こういうところにずれが出てきたりする。亜空間もちょっとした時間のずれで、生死をさまようと関係なくなるから、あちらの世界とこちらの世界と、たまにずれが生じてもおかしくないんだ。5次元という同じものだから、ずれてもおかしくない。いろいろと勉強になりますね。

ということで、あちらの世界があるということで、どうもありがとうございました。

須田　ありがとうございました。(拍手)

Part 3

映画『君の名は。』と星田妙見宮《ほしだみょうけんぐう》と隕石落下で見えてくる未来

佐々木久裕×木内鶴彦

2017年9月10日　都内会場にて

荒れ果てていた星の社《やしろ》、星田妙見宮の復興のために仕事をやめました

佐々木　私は、大阪府交野市の星田妙見宮の宮司をしております佐々木久裕と申します。神主をつとめてもう35～36年になります。それまではコンピューターの仕事をしておりました。初めて妙見宮に行きましたときに、妙見宮がすごく荒れ果てておりました。その中に入りまして、私の精神が若干狂ったのか、生まれ変わったのか、そこに1時間ほどいて、出てきたときに、ここを何とかしなきゃいかぬという思いが湧いてまいりました。

それから、荒れているお社を自分で修復したりしておりましたが、これでは自分の仕事のほうも続かないし、お社の復興も中途半端になると思いまして、あるとき、家内に「悪いけれども、半年間、おカネを入れなくても構わないか。実は妙見宮を何とかしたいんだ」と話しましたら、家内は「いいよ。あんたは言い出したら絶対に人の言うことを聞かぬから、半年任せる」と言ってくれました。私は「半年たったらとり

あえずおカネは入れる。今までのようには入れられないかもわからないけれども、半年だけ待ってくれないか」と言って、3月31日で仕事も全てスッパリやめてしまいました。

気がつきましたら、13年間、無職でそこに奉仕しておりました。その間、食っていかなければなりませんので、笛の練習をいたしまして、夏、秋に笛を吹いて回りましたり、各神社のお手伝いをしたりして、今日まで来ております。平成8年に、地元の方たちからも認めていただきまして、星田神社、星田妙見宮の宮司にさせていただきました。

それまでに、妙見宮におりまして、いろいろな自分の思いがございました。一つは、祭典がほとんどなくなっておりました。ここは星の社なんだという自覚がございまして、それとともに、ここに七夕の祭りがあったという自覚がございました。それから、星降《ほしくだ》り祭《さい》をかつて盛大になさっておられました。私が来たときには、これが全て途絶えておりました。

平成8年にまず星祭を復活しました。今までずっとなかったところに復活するというのはやはりなかなかエネルギーが要りまして、地元の人たち、総代さん、いろんな方たちに話をしまして何とか復活しました。平成9年には、70年近く途絶えていた七夕祭りを復興いたしました。平成10年に星降り祭という形で星の降臨のお祭りをさせていただきまして、今日までやっております。

神主の資格はそんな形で取りましたので、皇學館《こうがっかん》大学とか國學院大學には行っておりません。全て独学で履修しまして、検定試験で明階《めいかい》まで取らせていただきました。妙見宮で自分の思ったこと、神様から教えていただいたことがほとんどで、ほかは全く行く機会もございませんでした。神社の修復と毎年の祭祀、1年間で大体30の祭祀がございます。今現在、星田神社、星田妙見宮、寝屋川の鴬関《おうかん》神社、河北《かわきた》大神社、4つの神社を一人で駆けずり回って、月次祭《つきなみさい》とかそういう祭りをやっております。

実は、地元には1600年から450年ほど続いている村山修験《むらやましゅげん》の「浅間講《せんげんこう》」がございましたが、そこの人たちが年とってしまいまして、「宮司、何とか継いでくれぬか」と総代さんが言いまして、きのうの午前中、その祭りをしてまいりました。

そんなわけで、きょう皆様方に何の話をするか戸惑っておりますけれども、『君の名は。』という映画を見まして、その中で、私が感じましたもろもろの話をしたいと思っております。

意思疎通ができないことのもどかしさが大きなテーマ

まず、『君の名は。』を見ましたときに私が一番感じましたのは、今の若い世代の人たちは、例えば恋をしても自分の思いが相手に伝わらない。本当に好きで好きで仕方がないんだけれども、その思いが伝わらない。そのときの人間のもどかしさ。新海監督の前作である『言《こと》の葉《は》の庭《にわ》』もそうですが、人間の意思疎通ができないときのもどかしさ、自分が本来思っていることを相手に伝えられないもどかしさ、そういったものが今の若い人たちにはすごくあるんだなというのを、映画を見て感じました。

それと同時に、今の世代の私たちも、昔も多分そうだと思うのですが、この世に生きている中で、この世からあの世という大きな壁がありまして、あの世になかなか思いをはせることができない。ところが、何らかの形であの世とのかかわり合いがある。例えばご先祖様をお祭りしたり、幽霊が出たりとか、一生の中で何らかのかかわり合いがございます。同じ空間にあるにもかかわらず、そのもどかしさ。人間としてこの世に生きているけれども、本当にあの世というのはあるんだろうか。あの世というのはどんなところなんだろうかという思いがございます。

自分は生まれてきて、今日まで来ておりますけれども、まず、時間・空間の大きな壁が一つある。生まれる前の自分という時間の壁はどうしても越えることができない。これから先の自分はどうなるのだろうか。この現世《うつしよ》に生まれてくると、こういう時間の流れの中の壁がどうしてもある。自分の脳を、体を、五体をフルに生かしても、なかなかその壁を越えることはできない。そのもどかしさ。何とか知りたい。これは、私が今の若い人たちを見ても感じますし、私の周りを見ても感じます。

この世／あの世／神の世界／空間の隔たりもテーマになっている

もう一つは、空間の隔たりです。この世という現実で生きている中で、あの世というものがあるのか。神の世界はあるのか。空間の壁がどうしても越えられない。そのもどかしさ。時間のもどかしさと空間の壁のもどかしさ。『君の名は。』を見ておりまして、私は一番最初にそこを感じました。そして、人間としてモノが言えない、意思が伝わらないもどかしさを、作者は何も言わずに伝えているんだということを感じました。

私たちはこの世に生きておりましてモノを申さないのか。モノを申したいし、日ごろ、いろんなところで言っているけれども、なかなか意思疎通ができない。小野小町の「思ひつつ寝《ぬ》ればや人の見えつらむ　夢と知りせば覚めざらましを」という歌が一つのきっかけとなって、映画ができたと聞きました。本当に夢だったら覚めないでほしかった、これは夢だったんだという一つの思いでございます。

ここで一つ思うのは、夢だったら夢のままでいてほしいということでは、意思疎通が絶対にないということです。この世の中にはテレパシーとか、目に見えない人の思いがございますけれども、自分のテレパシーがなかなか相手にそのまま素直に伝わらない。一晩も二晩も眠れずに布団の中で思い焦がれる。だけど、相手には伝わらない。これが現世に生きているほとんどの人たちが味わった一つのもどかしさだと思います。

私たちはこの世界で、その伝わらないという条件のもとに生きているということがまず一つございますが、その中で、例えばこの後、木内鶴彦さんがご講演をしてくださいますけれども、そこから抜けられた方々の話を聞き、また、自分の日常のちょっとした事柄から、あっ、人生はこうなんだ、この世というのはこういう空間なんだということを知る機会はいっぱい出てまいります。ただ、それをそのままにしてしまいますと、夢で終わってしまいます。私が『君の名は。』を見て一番切実に思ったのは、そのあたりの人間としてのせつなさ、壁があることのやるせなさでした。

映画をつくられた新海さんは、あの中にいろいろな思いを込めておられる。今までつくられた一連の映画を見まして、私は、人間が意思疎通できないことのもどかしさをあの監督の作品からすごく感じているわけでございますけれども、今回はまたそういう思いがものすごくいたしました。

あの世への出入り!?／神道でなぜ夢占《ゆめうら》が重要視されてきたのか

その中で一つ一つをかいま見ていきたいと思います。

日本の神道は、長い間にわたって時間と空間を考えてきています。例えば、昔、歴代の天皇は見た夢を占いまして、なぜ神様はこうおっしゃったんだろうと側近の方たちに聞く。その人たちを「審神者《さにわ》」といいました。最初の審神者は伊香色雄命《イカガシコオノミコト》という物部の人で、2代目が伊賀津臣命《イカツオミノミコト》で、その後、武内宿禰命《タケノウチノスクネノミコト》です。天皇がこういう夢を見られた。夢占をしますと、次にまた夢を見るのです。

例えば大物主大神《オオモノヌシノオオカミ》が出てきて、「私を三輪《みわ》に祭れ。おまえは自分一人でこの国をつくったと思っているのか。歴代の功《いさお》を立てた王を称えずに、その功の上におまえの力があるのではないか。三輪に私を祭らないから、民が流浪し苦しんでいるんだ。それを悟れよ」という形で、夢の話が『古事記』、『日本書紀』にはすごくございます。

夢とは一体何なのか。昔は夢占いを行いまして、夢は夢なんだということでございましたけれども、現代は夢の中には幽体離脱をしている時期があると言われてまいりました。自分は夢だと思っているけれども、その間、あの世に出入りしているということです。

ところが、自分に与えられた五感、脳の中には、この世で生きるための脳の装置しかできておりませんので、あの世のデータが全て入り切らない。この世に戻ってきた時点でどんどん忘れてくるし、またゆがめられた形でしか出てこない。しかし、私たちは寝ているときにあの世に幽体離脱していることも結構あるんだということが、このごろ言われるようになりました。

ということは、あの世があるということなんですけれども、神道のほうでは、本居《もとおり》宣長《のりなが》は、あの世は暗いじめじめとした寒いところだと言うのです。『古事記』にも書かれているように、ウジがたかり、真っ暗な中を歩いていく。本居宣長は、あの世というものをものすごく悲観されたのです。みんな黄泉《よもつくに》へ行く。だから、私たちはあの世のことを考えずに、この世で一生懸命生きていたらいいんだ、この世をすばらしく生きるべきなんだという形で、あの世のことを考えることを避けておられました。この世の中のこと、中でも、ご先祖様が連れてきた神とか霊に対しても、記述を一生懸命してまいります。

本居宣長と平田《ひらた》篤胤《あつたね》では霊の捉え方がこんなにも違っていた

ところが、その弟子の平田篤胤は、あるとき、犬と歩いておりましたら、ある壁のところに行くと犬がワンワン吠えるのです。壁のほうに向かって犬が吠える。なぜなのか。もう一回そこを通ると、また犬が吠える。そのときに平田篤胤は、ここには私たちの見えない何かがあると思いまして、それからあの世というものを真剣に考え出されました。

まず彼が思いましたのは、この世で一生懸命生きていても、あの世ではみんな暗いところに行くなんて、そんなおかしな話はないんじゃないか。この世で善根を積んだ人間はあの世でもきっといい形で会えるんじゃないか。この世で善いことをした人間も、悪いことばかりした人間と同じ暗いところに行く。そんなおかしな真理はない。それだったら、この世で生きる限りは、あの世も見据えた上で一生懸命生きていこう。この世で精いっぱい生きていくのが人間の本来の姿ではなかろうかという形で、平田篤胤は霊の世界を一生懸命取り上げてきました。

この時点で初めて、日本の神道の中で霊というものを考えるようになりました。その後に、浅野和三郎《あさのわさぶろう》とか、出口王仁三郎《でぐちおにさぶろう》という方が出てこられまして、霊魂に関して記述なされます。今現在は、神道の中にも十三派というのが出てきまして、黒住《くろずみ》教とか、大本《おおもと》教とか、この人たちが霊というものの存在を意識的に捉えるようになりました。ところが、今の神道の神主さんは霊というものを余り取り上げません。祭祀の厳《ごん》修《しゅ》が根本だという形にしております。

ただ、神道には神道の霊魂観がございます。昔から、一霊四魂《いちれいしこん》と言われます。荒《あら》魂《みたま》、和魂《にぎみたま》、幸霊《さちみたま》、奇霊《くしみたま》の魂がそれぞれある。それが統一されて直霊《なおひ》という魂になるのが本来の人間なのです。私は神主となりまして、今現在の神道の物の考え方、一つは穢れであったり、あるいは荒魂の概念であったり、そういったものを見ると、霊魂観に関してももっともっと研鑽を積まなければならないということをすごく感じております。

穢れとは実は空間の概念ではないか!?

例えば穢《けが》れに関しては、通常は柳田国男《やなぎたくにお》の言われたハレとケという概念で、時間の経過の中でのサイクルを考えていますけれども、私は実は穢れは空間の概念だと思っております。空間の中の認識の一つが穢れだ。ところが、穢れは時間とともにみんなの認識する内容が変わってくるのです。あるときには、神の前ではこうでなければならないというみんなに共通の認識があっても、ある時点になったら、そこまでする必要はないのではないかと、皆様方の共認で変わってくるのです。

穢れの根本は何か。この世の中は生きとし生けるものが一生懸命生きているところだ。はつらつと生きるところなので、血を流したり病気をしたらこの空間とはそぐわない。だから、ちょっとほかのところに行っていただこう。死人が出ましたら、この世ははつらつとした人間が日々を暮らしているのであって、死人がいる場所ではないので、死んだ人間は別のところに移ってもらおう。ここに幽霊が出てきたら、生きとし生ける人間がはつらつと暮らすこの空間に幽霊がさまよっていてはいけないので、幽霊は穢れとして別のところに行っていただく。

お産があって子どもが生まれる。子どもは生死にかかわるものだ。この世で生きる本当にきりっとした魂になるまでは、この世に出てはいけない。宮参りをして初めてこの世に出させていただく。霊魂が発達してきて、成人になって初めて一人前の魂ができて、結婚するだけの魂ができる。私たちのご先祖様は、魂の成長段階に応じて、この世を見ています。

これはその時代の共認です。だから、時代によって穢れは違います。昔は、生まれた子ども本人は、30日ないし31日を過ぎなければ宮参りをしてはいけない。お母さんは、当時は体も栄養不足で、50日過ぎなければお宮さんに行かれなかった。だから、宮参りは、赤ちゃんが30日、31日以降になって、おばあちゃんが抱いていきました。今はオギャーと生まれましたら、お母さんは元気でぴんぴんしている。だから、子どもを連れて宮参りに行く。社会的な空間の中で、これは穢れではないとみんなが認めている。穢れという概念はどんどん変わってくる。空間という概念を通して物事を見ているということです。

産屋《うぶや》（誕生）ともがりや（死）では　とりあえずあの世でもこの世でもない空間をつくる

亡くなった方々はどこへ行くのかといったら、「もがりや」というお社をつくりまして、この世とあの世のはざまにしばらく置くのです。斎火《いみび》といいまして、そこだけの火を使って食事をする。四十九日が来るまでまだあの世に行かないで、あっちへ行ったりこっちへ行ったりしている人たちを、とりあえずこの世でない空間に置いておこうか、これがもがりやです。

赤ちゃんがあの世から来ましたら、この世に出るまでは産屋という空間にいる。宇宙飛行士が訓練をして宇宙飛行するのと同じで、訓練する一つの場があります。まだこの世のものでもない、あの世のものでもない、中間の空間をつくります。これが産屋です。

病気した人間は、働いている人間の中の真ん中に寝かせるわけにもいかないので、今で言うところの病院にとりあえず一遍入ってもらう。それと同じように、昔の方は空間というものを物すごく考えておられた。

皆さんがよく酒を飲むところに、「縄のれん」というものがございます。そこで飲んで暴れる。けれども、そののれんをくぐって外に出たら、この世です。この世にはしらふで出てこないといけない。しめ縄やのれんは結界なのです。女郎屋に行きましたら、のれんがあります。のれんはそういう空間の結界です。

たそがれどき／かわたれどき／『君の名は。』がつくり出す空間の概念とは⁉

『君の名は。』という映画には、日本人が今まで考えてきた空間の概念が要所要所に出てくる。

例えば時間と空間。実は、この世にもこの世の人間の時間帯でない時間帯がありま す。この世の人間の空間でない空間がある。これが境界線上なのです。この世の空間と別の空間とが入りまじっています。この世の人間も入れるかわりに、あの世の人間も入れる空間です。これがもがりやであったり、産屋であったりするわけです。

『君の名は。』を見ていますと、監督はそういう概念をすごく意識してつくり上げているのです。時間の経過の中では、「たそがれどき」、「かわたれどき」という言葉を使って書いていいます。

たそがれどきというのは、向こうに誰だかわからないけれども、何か人がいる。「誰《た》そ彼《かれ》は」というのが語源です。お昼から晩に入るちょうどはざま、お昼でもないし、晩でもない。その中間の時間帯がたそがれどきであります。魔が逢うとき、「逢《おう》魔《ま》が時《とき》」という言葉があります。

「うしみつどき」というのは、今の時間でいいますと、大体夜中の1時半から3時ぐらいまでの間、特に2時から2時半の間にはあの世の門が開いて、あの世とこの世が開く時間帯です。そのときに額にろうそくをつけて、五寸釘をコンコン打ちまして、この世の思いをあの世に告げて、あの世の力をかりてこの世の人間を呪う。それを見られたら、呪いの気が崩れてしまう。だから、昔はそれに会ったら、見ないようにそっと行く。これがうしみつどき、丑の刻を4つに分けた3つ目（丑《うし》三つ）のときです。艮《うしとら》の金神《こんじん》というのがありますが、東北の方向を艮（丑と寅《とら》の間）、鬼門筋《きもんすじ》といいます。

土用というのがあります。四季があって、四季のそれぞれの変わり目を土用といいます。春から夏の間に、春とも言えない、夏とも言えない土用がある。夏から秋に移る間にも土用がある。秋から冬に移る、秋とも言えないし、冬とも言えない期間も土用なのです。その期間に入ることを土用入りといいます。土用入りは土を動かしてはダメだ。あの世の土なのか、この世の土なのか、空間なのかわからないところで動かしてはいけない。あの世ともこの世とも通じているので、この世だけでは済まない。そういうあの世の空間とこの世の空間が重なったところです。

この世の時間帯とみんなが寝静まらなければならないとき、これから魑魅魍魎《ちみもうりょう》が出たり、幽霊が出たりする時間帯、ちょうど重なり合う時間帯は、この世でもない、あの世でもない時間帯なのです。この一つが実はたそがれどきです。

隕石が落ちた場所は選ばれる場所／宇宙とつながる空間《パワースポット》!?

『君の名は。』という映画を見ますと、このたそがれどきに夢の中で身体が入れかわります。この映画の設定は、１２００年前に隕石が落ちてきた。隕石がそこに落ちたということは、そこは選ばれた場所であった。この大宇宙の中で、よきにつけあしきにつけ、地球のその一点に隕石が落ちてきたというのは、ここは宇宙とつながっている一つの空間なんだ。この世だけの空間ではない。私たちの生きている宇宙全て丸ごとが一つの入り口だ。そういう場所は、今で言ったらパワースポット、昔の方が言ったら聖地、何か普通の場所と違うところで、そこに立てば宇宙との連絡もできます。

そういう形で、空間の中でも隕石が落ちた場所は、特に昔の方たちはすごく大切になされた。

そこに落ちてきた隕鉄は、またすごい。この世のものでない。隕鉄には特別の格子構造がありまして、この世ではできない環境の変化でそういうものが生まれるのです。その宇宙からの贈り物である隕鉄でつくったものには、この世にない威力がある。そういう形で隕石が飛来した場所は、今で言うパワースポットになりました。

そこが、この映画に出てきた1200年守られてきた場所です。誰が守ったかというと、そこに宮水《みやみず》神社をつくって、祭祀をする人間がいて、それを連綿と伝えてきている。それが『君の名は。』の設定になっています。そこは一つの別の空間ですので、しめ縄が張られている。

組みひもと口嚙《くちが》みの酒の意味とは!?／日本人はコメで掬《むす》ばれて継いでいく

そこでつくられているのが、組みひもと口噛み酒です。神楽を舞い、それを連綿と伝えている。伝えているのは、そこの一族のおばあちゃん（一葉《ひとは》）、お母さん（二葉《ふたは》）、本作の主人公（三葉《みつは》）、妹（四葉《よつは》）です。祭祀は女の方たちが支えている。お父さんは、二葉というお母さんが亡くなられたときに家でもめごとがあって、家を逃げ出していかれた。そして、その町の町長として頑張っていた。家の祭祀を取り仕切っているのは、女の人たちだった。これは神道で言う日本の伝統の天照大神という女の神様の祭祀を、卑弥呼が行った。この姿をそこにあらわそうとしておられるのです。

もう一つ、口噛み酒というのは、おコメを噛んで唾液を含ませまして、それを発酵させるのです。昔のお酒は童子がそれをやっておりました。それが昔の濁り酒だったりお神酒《みき》だったのです。お酒をつくるもとはおコメです。日本人はおコメをもって生きていけよというのが、天照大神様の教えでございました。

おコメとは何かといったら、息子と娘、男と女が結ばれまして、ムスコとムスメをもじって「コメ」。これを食べつつ子孫代々継いでいけよという教えがおコメでございます。これが「コメ」という字でございます。それが結ばれていって継いでいく。「米」という字のように、八十八の手を加えて丹精込めてつくったもので、私たちの家族が今日まで来ているのです。神様に感謝の意味を込めて、神から与えられた五穀の中のおコメをお供えする。そのときに人間を介しておコメを発酵させてお供えする。それが口噛み酒です。

お酒を飲むと、お酒の中に霊魂が入っています。例えば、伊勢神宮に心御柱《しんのみはしら》がございます。写真などには出てこないのですけれども、天皇の身丈の身丈柱《みたけばしら》をもって心御柱とし、御正殿《ごしょうでん》の床の下にあります。床の上に出てこないのです。

その御正殿のぐるりに八十平甕《やそひらか》というかわらけがいっぱい置いてあります。何で置いているかというと、このかわらけは天照大神を支える各地方の豪族、部族の長《おさ》たちなのです。それがともに一つの酒を飲んで、天照大神を支えているというのが心御柱です。

その平甕をつくるのに天香具山《あまのかぐやま》の土を使う。天香具山は貴重な霊魂の宿った土で、その土を使ったかわらけで酒を飲めば、神武天皇はこの戦は勝つんだと言った。『古事記』にそんな話もございます。そういう形で、お酒は一つの霊魂もそこにあるから、抱えて飲んでいく。

折口信夫《おりくちしのぶ》という方が、「掬《むす》ぶ」ということは水を介して霊魂の入れかえをするんだとおっしゃっておられる。皆さんが手水を使うのは、手がババチイ（汚い）からではない。神様に会う前に、自分が生まれ持った本来のすがすがしい霊魂に戻すために、大地をくぐってきたあめつちの気を受けた魂の入れかえをするために、掌《たなごころ》に水を使うのです。これが手水の本来の意義です。

水は霊魂の入れかえを意味する

禊《みそぎ》をします。何も身を削ぐためではない。水を介して自分の霊魂を入れかえるために、水を使っている。キリスト教で洗礼というのがあります。生まれたときに、洗礼を通して神の御子としての魂を入れかえる。日本人は必ず産湯を使います。赤ちゃんの体に血がついているから産湯を使うという以上に、この世の水を使って、この世に生きる人間として霊魂の入れかえをするためです。

天女がこの世におりてくると、必ず沐浴をします。この大地におりてくるまでの長い長い行程で汗をかいて、よっぽど体が汚いのか。沐浴はそのためにしているのではありません。天女が天の地から大地に来たときには、大地をくぐった水をもって、大地を生きる霊魂に入れかえをしなければ、この世で生きられない。だから、羽衣天《はごろもてん》女《によ》は必ず沐浴するのです。

伊勢神宮の心御柱は、必ず五十鈴川《いすずがわ》の中に漬けます。この世におりてきた神は、一旦この世の水に浸されて、この世で祭られる神として入れかわりをすることによって、この世で祭られるのです。みあれ神事も一緒です。

水は、折口信夫は霊魂の入れかえだと言っています。水を介して入れかえる。お神酒もそうです。お神酒を介して、みんなが同じ魂を受ける。だから、日本人は酒で親子の契りを結ぶ。結婚式のときの親族固めの杯、夫婦固めの杯、ヤクザの世界の方々は兄弟の契りの杯、杯で同じ霊魂をともにいただくことによって、同じはらからとしてこれからも生きていく。これが水なのです。

主人公の三葉、ミヅハノメノミコトの意味とは?

『君の名は。』に出てくる水には、そういう意味があります。主人公の三葉はミヅハノメノミコトです。天からおりてきて生命が宿るまでには、必ず地球がマグマになって、真っ赤になっている。何千℃にもなっている。これが冷やされて一滴のお水がポーンと落ちてきて、初めてそこに生命が宿るのです。それまでは火の玉で、天も地もなかった。蒸発して、天と地がだんだん開けてきて、空間ができてくる。これが『古事記』でいう天地開闢《かいびやく》です。そうしたら、初めて天から降ってきたのが一滴の雨です。大地の水たまりに落ちて、そこから生命が生まれてきた。落ちたところに木が生えてきた。この木が北のど真ん中の北極星に向かってずっと伸びてきて、万物ができた。これが世界樹です。そこから全てのものが生まれてきた。人間の生命の根本は水なんだという思いが、ミヅハノメの水の信仰です。

水の信仰だけではダメだというのは、大地の火の信仰です。大地の火があって、水と大地の熱がある。大地の火がなければ凍ってしまう。大地の火もあって、水もあって、その調和のもとに生命が出てきた。そういう思いの中で、古代の人たちは水というものをものすごく大切になされた。これが『君の名は。』のミヅハノメという神として出てくる。

隕石が落ちてきたところに社をつくる。ミヅハノメが乗り移った立花瀧《たちばなたき》が、雨の中を川をくぐって向こうへ行って、そこでミヅハノメがつくった口噛み酒を飲んだというシーンがあるのです。日本人はこういうことを考えました。あの世とこの世の間には、必ず一つの空間のはざまがある。この世ともあの世ともつかない一つの空間があって、そこには魑魅魍魎がいたり、いろんなものがいる。この空間は境界線に置いてある。

昔は、離れたところにいる2つの部族が、のろしを合図にそれぞれの地から歩き出しまして、会ったところに境界線をつくった。あるいは、ここから矢を放つ。杖を投げる。お互いが杖を投げて、その中間点を境界線にした。杖と杖の間は非武装中立地帯、どっちともつかないところです。これが先ほどから言っている時間の空間であったり、空間の空間になる。この世ともあの世ともつかないもの。境というのは、この世界の人たちが共同体として住むときに、日々住んでいる世界とは別の、異常なときに住む世界があるものと考えました。

神はまず境界線におりてくる

境界線には必ず坂がある。段差がある。『古事記』では、黄泉比良坂《よもつひらさか》に行くのに、地の底に坂をおりていったら、あの世が出てくる。「坂」という言葉は、実は境界をあらわしている。磐境《いわさか》、神に降臨してもらうところです。それはこの世であってはいけないのです。例えば、いたこさんがあの世の魂を呼ぶときに、ここに霊をおろしてきたら穢れなんです。ここはみんなとともに生きているところなので、そのために一つの座をつくって、わざわざ空間をつくって、そこにおりてきていただく。同じように、神様がこの世に出てきたら穢れです。この世は生きている人間の世界なんだから、神といえども一つ別の空間をつくらなければならない。しめ縄を張って、外垣《そとがき》、瑞垣《みずがき》、玉垣《たまがき》をつくって、神のいる空間をつくります。私たちは、その外に生きているのです。この世に神様を迎えるときも、死んだ方の霊魂を迎えるときも、全て空間は別です。

神は、まず境界線におりてくる。そして水を使いまして、この世の神としてお祭りする。「みあれ」をする。神様がこの世に出てくるのです。境界線上に一つの神聖な場をつくりまして、そこにお祭りする。

『君の名は。』を見ておりますと、そういうのが至るところに出てまいります。日本人は、水という概念を通して、お酒を飲むことによって一体になるという概念があった。

『君の名は。』に流れるあの世を知りたくても知れないもどかしさと神道の考え方

組みひもはどういうことかというと、あの人と私とは赤い人で結ばれていると言う。赤は血の色です。私とあなたとは、一つのはらからとして全てが結ばれているんだ。これが実は「さようなら」というしぐさです。「あなたと私は、きょうは一旦これでお別れしますけれども、私のたなごころから出た心の糸と、あなたのたなごころから出た心の糸は、振っても振っても切れませんから、心の糸はずっとつながっていますよ」というのが、「さようなら」というしぐさなのです。糸で結ばれている。

糸というのは、繊維をほぐしてつくっているのです。麻で糸をつくるには、気が遠くなるぐらい神経を使います。なれないと、太くなったり細くなったりします。弓の弦をほどいて、集中して糸をつくっていくと、きれいに一本にでき上がる。それを巻いて、布を織る。どちらかに力が入ってしまうと縮んでしまう。ひもも同じ太さにしなければ、例えば縦の糸が細かったら横にパッと切れる。横の糸が細かったら縦にパ

ッと切れる。布もそうで、縦糸と横糸が違うときには、縦に切れやすい布か、横に切れやすい布になります。同じ力でやったらなかなか切れないのです。一本の糸が重なって、絡み合って一つになったときには、何十倍という力になる。

人間が神様にお供えするものは、「神様からいただいた『たなつもの』の種を育てて、こんなすばらしいものができました」と言って神様にお供えする。「神様ありがとうございます。この五穀の種を恵んでいただきまして、こんなところまで育てさせていただきました」とお供えする。

しかし、最大のお供え物は、人間が心を込めて一本の繊維をほどいて、紡いで、心を静めて織った布帛《ふはく》、幣帛《へいはく》です。これが御幣の始まりです。だから、天皇陛下は布帛、幣帛をお供えします。布はそれぐらいすばらしいものだということです。

一本の糸を心を込めて絡めて、一定の力で編んだ組みひもは、戦のときに使う鎧に使います。組みひもは、組み方によってものすごく強いものになります。だから、昔の鎧は組みひもで切っても切れない形で編んでいって、体を守ったのです。組みひもは心を込めて人間がつくり、神様につなぐものです。

糸をつくるときに繊維をほぐします。大祓祝詞《おおはらい》の中にも麻を「八針《やはり》にとりさきて」という言葉がありまして、細かく細かく裂くと繊維がいっぱい出てまいります。そうすると、気を吸い込みやすい。あたりの気を吸い込むのです。悪い気も吸い込みます。菅麻《すがそ》という言葉がありますが、菅麻は麻ではありません。スゲという草です。スゲは根がいっぱい張りまして、全てを吸収する。菅麻というのは、スゲはそれぐらい全ての気を吸い込んで、たぐり寄せるものだということでございます。繊維をほぐして糸をつくります。糸はそこに全ての人の思いをたぐり寄せる。それは離れないのです。それを長く長くしまして、心を込めて織り上げるので、糸は人の心を結ぶものなのです。

それが例えば水引になりましたら、結び切りとか、あわび結びとか、一遍結んだら、二度とほどいて結べない。結婚式は結び切りでございます。こういうふうに糸というものに人間の思いを込めて、今日まで来ました。

『君の名は。』の中にも組みひもが出てきます。おばあちゃんが「人が結ばれるのも、糸と糸で結ばれるのも、全て神の言葉じゃ。それによって人の魂が魂と結ばれていくことになる。これはずっと変わらぬのや」と言うのです。糸が人と人を結ぶということ、水を通して霊魂の入れかえをする。そして、酒をともに飲みますと、それから後はそこに一体感が出てくる。こういう神道における物の考え方がずっと出ております。

その中で、イザナギノミコトとイザナミノミコトがあの世に行かれるときのシーンは、口噛み酒を飲む場面そのものです。三途の川は、あの世とこの世との隔たりの場所なんです。三途の川を渡らなければ向こうに行けないのは、この世の水があるからです。それを渡らなければいけない。三途の川も一つの境界線です。空間と空間の間にある。ここを渡らなければ行けないんだという思いが、『君の名は。』にはずっと出てきているなと私は感じた。生きている人間とあの世との壁の厚さ、監督自身が生まれて今日までの思いの届かなさ、あの世に対してもっともっと伝えたいことの伝わらなさ、あの世を知りたいけれども知れないことのもどかしさを私はすごく感じました。

日本人は一生懸命でなく、一所懸命／同じ所で連綿と繰り返しやり遂げることで守られる

あの映画をずっと見ていましたら、日本人が培ってきた神道における物の考え方がものすごくあります。例えば宮水神社は１２００年続いた。それも隕石が落ちたクレーターのところにできた。１２００年続くというのは大変なのです。一生懸命なされ

たのです。

今のイッショウケンメイは「一生を懸命に生きる」と書くのですが、本当は「一所で懸命に生きる」というのが、日本人のイッショ（ウ）ケンメイなのです。同じところで連綿と繰り返しやってくる。やり遂げる方法は、同じ年がめぐってきたら、同じ月の同じ時間に同じことを繰り返す、これがつなぐことなんだというのが日本人の物の考え方だったのです。

お祭りをすると、今はみこしを担ぐ人間がいない、だんじりを引く人間がいないので祭日を変えよう、日曜日にしようやと言う。昔の人が聞くと、それをしちゃうと大変なんです。同じ日の、同じ時間に祭りができないことは、村が危機に面したとき、異常に面した状態を意味したのです。繰り返すことによって村が守られていく。だから、台風が来ようが何が来ようが、お社が壊れようが、神主はむしろ一つあったら、そのクレーターのど真ん中で、「神様、ことしもこうしてお祭りをさせていただきます。きょうはあいにく雨が降ってどなたもお参りがございませんけれども、この祭りがある限りは、来年もまた神様のご加護によりまして、お祭りを繰り返すことができます」と祈る。そういうのが実は秋祭りだったり、夏祭りだったりするのです。だから、神賑《しんしん》行事があってもなくても本当はいいんです。同じ月の同じ日に神様に同じ行為をする。それを継ぐことが日本の文化だった。

『君の名は。』の中で、宮水神社を１２００年頑張ってきたんだとさりげなくポッと言っている。日本のご先祖様はそれがあって今日まで来ている。その１２００年の重みをあそこで受け取ってもらえたらすごいなと思います。

この映画の中には日本人が続けてきた一つの長い長い歴史があって、時の重みがあって、過去の空間と今の空間とをつなぐ空間の入り口があって、それはあの世をつなぐ入り口でもある。あの映画を通して、時間と空間の道筋を感じました。

妙見様の教えは宇宙全てを知ることを目指した空海と同じもの!?

星田妙見宮は、弘法大師空海が開基になっております。弘法大師空海は四国の佐伯家に生まれて、母方の阿刀《あと》家で阿刀大足《あとのおおたり》に育てられたんだけれども、彼が一番思ったことは、今の方たちと同じように、この世で私は何で生きているのかということです。

この世とあの世、そして、大地と海と宇宙。自分は宇宙のど真ん中にいるんだ。その宇宙を知らなくて私はどうして生きていけるんだ、宇宙というものの真実は何なのかということを思われた。

若いとき、室戸岬のところで彼は海を眺めて、窟《いわや》で虚空蔵求聞持法《こくうぞうぐもんじほう》をするのです。そのときには北辰信仰はできないのです。天皇家の祭りだから北辰を祭れない。彼の宇宙との接点となったのが、虚空蔵菩薩、明けの明星、宵の明星だった。虚空蔵の真言を一万遍、ひっきりなしに唱えて、何とぞ虚空蔵の満ちあふれた知恵を私に授けてくださいと海に向かって一生懸命唱えるのです。暁に、彼の口に金星が飛び込んできた。

彼の幼少の名前は真魚《まお》というのです。大海の果ても知らなかったお魚が、室戸岬のところで行をしまして、虚空蔵求聞持法を一生懸命唱えたときに、自分が座っている大地も、海も、空も、みんな同じ一つのものなんだというのを彼は感じたのです。そのときに彼は、「空海」という名前をみずからの名前として受け入れるのです。海と空とが一体になって、幼少の真魚から空海になった。宇宙を含めて、これが私の住みかなんだということです。

実は星田妙見宮も空海がルーツなんです。空海は交野の星田妙見宮に来るとき、同じく虚空蔵求聞持法をするのです。そうしましたら、佛眼佛母尊《ぶつげんぶつもそん》という仏さんが獅子《しし》窟寺《くつじ》に出てきて、こういう教えをするのです。「おまえは肉眼でこの世を何ぼ見たって、この世の真実なんてわからないぞ。佛眼にまでおのれの目を高めていけ。前を見て後ろを見ず。横を見て横を見ず。まず自分の肉眼で全てを見通せ。その次に、見たことから感じ取った悟りをみずから解釈してみろ。それが自分だけのものでなしに、周りの者に及ぶだけの目をつくれ。そして、宇宙そのものの普遍性を知れ。これが佛眼だ。その目を持たぬ限り、おまえは宇宙全てを知ることができないぞ」ということを教わりまして、佛眼佛母尊の課した修行をしておりましたら、星田の妙見さんに星が降臨してきた。そのときに出てこられたのが妙見様だったのです。

妙見様というのはどんな方かというと、「この全ての世界、大地、海、空、全てのものを見て、これらの諸法の実相をみずからの目で知見しろよ。知見するように私は導くぞ」とおっしゃられた方です。その妙見様が出られたところは、宇宙から隕石が落ちてきて、天とつながった一つの空間だったのです。交野が原という空間にそういう一つの場所ができていた。これが社の縁起では８１６年と書いてありますが、本当はもっと古いかもしれない。

そこにそういう星が落ちてきた。星が落ちたということは、宇宙とのつながりをここに残してくださっているんだという一つの思いがありまして、私は、星田妙見宮の絵馬堂に「天尊山」という言葉をかけました。拝殿の前に、江戸時代に買われた線香立てがありまして、そこにも「天尊山」と書いております。「天を仰ぎ見ろよ。大地にひれ伏せよ。生きている人間はこの現世の中にいても、あの世のことを思え。宇宙のことも思え。その中で人間はどうして生きていくんだということを思えよ」ということをおっしゃっておられる。ここに30何年間おりまして、妙見様は全ての調和を教えておられる方なんだということがやっとわかりました。

物部の一族は交野が原に来たときに、十種神宝《とくさのかんだから》を持ってこられます。蜂比礼《はちのひれ》、種々物比礼《くさぐさのもののひれ》。比礼というのは布切れです。調和のとれた心で物事を見る。蜂の住んでいる部屋に行ったら、蜂の思いを感じ取って心をともにしなさい。蜂は襲ってこないよ。おろちの中に行ったら、おろちの思いを感じなさい。大国主命様がスサノオノミコト様に試されまして、ムカデの部屋に入った。そうしたら、相手のヒメは「このひれを振ってください」と言われた。この調和のとれた布を振れば、自分のことが素直に相手に伝わるから、あなたが相手を傷つけない心で生きている限り、あなたは相手に対して配慮もするし、ムカデもきっとあなたに配慮する。それだったら襲われることはない。そういうことをされたのが物部一族だったということを、交野が原にいて感じました。

「臨《りん》兵《ぴょう》闘《とう》者《しゃ》皆《かい》陣《じん》烈《れつ》在《ざい》前《ぜん》」という九字《くじ》も、皆そうです。

天女がなぜ羽衣をつけているか。羽衣は比礼です。俵屋《たわらや》宗達《そうたつ》の描いた風神雷神、金剛力士像、力がいっぱいある方もリボン、比礼をつけている。力だけでは滅びる。必ず調和がなければ滅びるんだということをおっしゃっておられるのが、あの比礼、羽衣なんです。「力だけではダメだよ。調和がこの世の最大の学びだ。どういう形で自分の心を調和していくのか。それに励めよ」とおっしゃっているのが妙見の神様だなと、私は感じている近ごろでございます。

そんなふうに『君の名は。』という映画を拝見させていただきました。まだまだ話したいことはいっぱいあるのですが、この辺でおさめさせていただきたいと思います。

（拍手）

『君の名は。』の新海監督と私（木内）の生まれた場所は同じで長野県南佐久郡小海町《こうみまち》です！

木内　木内鶴彦です。

先ほど宮司さんの話の中に、『君の名は。』という映画が出てきました。アニメもすばらしいですね。あの映画監督の生まれ育った場所はどこだか知っていますか。長野県南佐久郡小海町です。私の生まれたところを知っていますか。長野県南佐久郡小海町なんです。本当に近くなんですよ。監督のお父さんがうちの兄貴と同じぐらいの年で、何回か講演会を開いたことがあります。

あの話は自分の体験と何か似ているなとずっと思っていたんですけれども、すばらしい映画でしたね。小海町の松原湖に隕石が落下したのか、どこに落下したのか、いろんな説があってよくわからないですけれども、ああいうことも起きるということを皆さんは承知していてくださいね。

私は彗星捜索家で、私の名前のついた彗星が2つあります。業績を認められて、「ＫＩＵＣＨＩ」と命名された小惑星が1つあります。墓石が火星の外側を回っているわけです。

さっき佐々木宮司さんからいろんな話を聞いて、なるほどなあ、神道もそういえば天界との境目があるんだなと思いました。これから私たちも、肉体の世界から肉体でない世界に入っていくんですけれども、皆さんは亡くなった経験が一度ぐらいありますか（笑）。蘇ればいいのです。3回行って帰ってくるというのは行いが相当悪いというか、私の中では、人間を卒業させてもらえないみたいなところがあって落ち込んでいたのですが、生き返ればすごいことなのです。

あの世とこの世の境目で見てきたこと

22歳のときに生死の境をさまよいましたが、これはミグ25が函館に亡命したときで、自衛隊にいて夜も昼もなく働いていたわけです。1週間ぐらいぶっ続けでいろんなことをやっていたのです。あの当時、はやっておりましたポックリ病、知っていますか。私は最後のポックリ病で生き返った人間らしいのです。私以降、ポックリ病はなくなったということです。ポックリいかなかったから大変なことになったのです。

神経の使い過ぎで、胃袋と十二指腸のところが挟まれてしまって、食べたものが外に出なくなって、胃袋の中にみんなたまってしまったのです。体のバランスがどんどんおかしくなって、おなかがパンパンになってしまった。

今でも覚えていますけれども、そのころ茨城県では土日はお医者さんがいないのです。大体東京から通ってきている。大学病院に行けばいいのですが、ちょっと遠いのです。自衛隊の場合には、自衛隊の救急車で運ばれていったら、やっている病院がありました。どういう病院か想像がつきますか。私はおなかが痛くてパンパンになっている。産婦人科です（笑）。そこに連れていかれたんですけれども、最初は何か変なものを食べたんじゃないの、食べたものを下すような処置をしようということで、促進剤みたいなものを注射されたのです。そうでなくてもおなかがパンパンになっているのが、もっと大変なことになってしまった。

それで茨城県の石岡にある産婦人科から、阿見町《あみまち》にある東京医大霞ヶ浦病院（現東京医大茨城医療センター）に救急車で運ばれていきました。これは一大事だと思いっきり飛ばしてくれるわけです。おなかがパンパンのときに、あおむけになって救急車に乗っていると死にますよ。ガタガタ揺れて、ウーッという感じです。

そうやって向こうに行って、手術にならないから、鼻から管を入れて胃袋の中のものをみんな出してしまいましょうということで、すぐに管を差して、しばらくしたら5リットル出てしまったのです。まだ出る、まだ出ると、夜もずっと鼻から管を入れていて、落としている容器を看護師さんが取りかえてくれる。次の日の朝になったら、パンパンになっていたものが抜けたので体がすごく楽になりました。入院したばかりのときに体重をはかります。看護師さんが「木内さん、大丈夫ですか」と言うから、「大丈夫です」と言ったら、「体重をはかりましょう」と台になった体重計をごろごろ転がしてきました。のぞいて、「これじゃダメですね」と取りに行ったのは、赤ちゃんをはかるような、ベッドの上ではかる体重計です。何をやっているんだろうと思ったら、入院するときには72キロあった体重が、次の日に43キロ。すばらしいでしょう。こんなにダイエットできるとは思わなかったです。

それで多臓器不全に陥って、あと1週間の命となったのです。あと1週間の命だと言われて、それを待つという経験は大変です。最初は、あいつの借金は帳消しだよねとか、いろんなことを考えるわけです。1日1日近づいてくると、だんだん腹が立ってきます。死ぬ日が1歩1歩近づいてくる。嫌らしいと思いませんか。残りあと3日となると、いろいろ考えます。死んだら焼かれるのです。焼かれるってどういう感じなのか気になりませんか。熱くないんですかとか。余計なことなんだけれども、気になります。どの辺から燃えてくるんだろうかとか、いろんなことを考えた。

死後の世界って、そういえば、その辺のばあ様とかじい様が、おまえみたいなやつは地獄に落ちると言っていたな。ろくなことを言われてなかったですね。私の小さいころは、まだ土葬だったんです。棺桶に遺体を入れて土の中に埋めるのです。焼き場で焼くシステムになる変換期のころでした。焼かれる。そこで意識を持ったらどうするんだろうとか考えませんか。もしワーッと燃えて、こんがりと焼けてきたころに意識を持ったらどうしましょうか。「アチッ!」とかなんとか言っている暇はないですね。そういうときは、即、見ないことになるのでしょう。

死ぬ当日

そうこうしているうちに、死ぬという日の朝、目が覚めました。これは腹が立ちます。きょう死ぬという日に目が覚めなくてもいいような気がしませんか。だって、1週間悩んでくるわけですよ。ああでもない、こうでもないと自分の中でへ理屈を言いながら、一生懸命強気でいるんだけれども、いよいよもってきょうという日が来るのです。これは私にとって死刑執行の日です。

一つの儀式みたいなもので、生意気ですけれども、羽織はかまなんか着て、正式にあちらに行こうという思いがあるわけです。自分では、そういう形で心得ているわけです。だから、白々としてくるころには目が覚めてしまう。切腹する前の日みたいなものです。目が覚めて、私はこの日を厳粛に受け入れたいと思っているわけです。

そのときに、廊下がバタバタ騒がしい。「おばあちゃん、そこはお手洗いじゃないんだから、そこでやっちゃダメよ」とか、いろんなことを言っているのです。腹が立ってくる。私は厳粛に、よし、きょうは死ぬ日だと思っているわけですよ。それなのに、世の中は俺が死のうが生きようがどうでもいい感じで動いていく寂しさがあります。かと思えば、保育園が近くにあって、外では子どもたちがワイワイガヤガヤして、俺が死ぬというこの日に、手を洗おうとか、ノーテンキなことばかり言っているわけです。

だんだん腹が立ってくるんだけれども、あのころの先生の見立てはよくて、その夜になったらストンと記憶が落ちるのです。亡くなっていくときに2つの現象を見る。皆さん、よく覚えてください。これから皆さんも体験するんですよ。私だけが特別ではなくて、人間、2つの体験をします。

一つは、真っ暗闇の中からわずかな明かりを目指していって、しばらく行くと川が流れている。これは三途の川です。渡り切って向こうに行くと、小高い丘を上って、おりてきたところがものすごく広い洞窟のようなところで、そこに明かりがあるのです。それによって照らされていて、そこからいい香りのするすばらしい風が吹いてくる。これがお花畑です。

僕のときは、そこをおばさんが私を案内してくれて、そこを歩いていたわけです。坂をずっとおりていくと、太陽とおぼしき天井の明るいところから光が漏れてきます。言い方によっては金龍みたいなすごいものがスーッと来て、フワンと目の前に来るのです。これが誰かの顔に似ている。いろんな宗教の人によって違った見方をするんじゃないかと思うんですが、あっ、お釈迦様だ、マリア様だ、イエス様だ、鶴彦様だ！（笑）そんなことはないですけれども、私は誰かわからなかった。とにかく初めて体験するじゃないですか。へえ、こういうこともあるんだ、ああいうこともあるんだと、それがすごく気になるのです。

しばらくすると、またベッドで寝ている自分に意識が戻るわけです。そのときは、どうも外から見ると、私は意識がもうろうとしているように見えるらしいのです。私は頭の中がはっきりしているんですよ。特にそういう状態になってから、節々の痛みとか一切なくなってくるのです。皆さんがこれから亡くなるときに、一番嫌だと思うのは何ですか。苦しいとか、痛いとか、そういうのが気になるでしょう。でも、それはなかったです。よかったですね。

生死の境では苦しさ、痛さはない／自分の脳みその範疇を超えることのすばらしさ

意識ははっきりしてきます。あれ、俺はこんなことを言っていたっけというぐらい、超天才になってきます。私の脳みその範疇ではない自分になってくるわけです。すばらしいです。そういう思いの中を介すと、場所を移動できる。思っただけですっと移

動できるんですよ。移動できるというか、その場所にいるんです。例えば、その隅っこに行こうと思ったら、隅っこのことを考えた瞬間、私は隅っこにいるのです。それは過去、未来、時間に関係なく動ける。

そのうち、自分の意識の中で、自分ではあり得ない自分が顔をだんだん出し始めるのに吸い込まれないようにしていかないと、自分を失ってしまう。これが膨大な意識という世界です。それが恐らく5次元というものではないかと感じたのです。全てが空間であり、物質も全てが変化を起こして、覚えているものが空気みたいなものなんです。それがひずみを起こして、形づくられてきて、それが解消されるエネルギーの流れが3次元の世界であることがわかってくるのです。ははあ、こういうことなのかと感ずる。

そのころは、ちょうどアインシュタインの相対性理論とかいろんな本を読んでいて、興味を持っているころだったので、非常に興味深かった。あっちでは解けていないことが、こちらではコロコロ解けてくるのです。ああ、そういうことかと。

もう1つおもしろいことがあったのですけれども、テレパシーというのは何だと思いますか。テレパシーってあると思いますか。

これは2回目の中国で生死をさまよったときがそうだったんですけれども、先生たちがしゃべっている中国語が、私には日本語に聞こえるわけです。通訳の方がいて、先生が言ったことを通訳して伝えようとしているときに、私が日本語で答えを言ってしまったものだから、通訳の人は「木内さん、いつから中国語がわかるようになったの」と言われたのです。「今、中国語でなくて日本語をしゃべっていましたよ」と言ったら、「いや、あれは中国語です」と。エーッとなった。それが1週間ぐらい、同じ病棟にいる人たちがみんな日本語でしゃべっているわけです。そういう不思議な現象がありました。

生死をさまよって見てきた歴史は、教わったものとは全然違うものだった

これからすぐ死んでしまって、あちらへ全部吸収されてしまうというか、5次元の世界に引かれて持っていかれてしまったら亡くなるのですが、亡くなったときに、自分の塊を一つつくるのです。例えば自分の過去の歴史、そしてちょっと未来に行って

みる、過去に移動してみる。その塊を少し保っていると、こういう遊びができるのです。未来に行って、もしまだ焼かれていなかったら生き返る可能性があるじゃないですか。まあ焼かれていたら、諦めたほうがいいと思いますが。

その中でいろんなものを学んでくるわけですけれども、三途の川、お花畑、光の世界のほかに、意識の世界というのがあります。意識というものが旅をして歩いている。おもしろいのは、今までの歴史書とは全然違う世界なんです。我々が教わっている歴史とは全然違う。だから、私は歴史をよく勉強しなくてよかったです。あるいは、そういう先生が書いた本を読まなかったからよかったです。つまり、そういうものは大体歴史書に基づいて書いていることが多い。近年になると別でしょうけれども、特に古いものになると、本当のことはどうなのと疑わしいものもあるじゃないですか。その時代には、これこれこういう人がいたとか、ああいう人がいたとか。

例えばこの地球そのものは、昔は月が周りになかったのですが、星をやっている私は、それを言えないのです。太陽系ができたときから地球の周りを回っていたという説とか、どこかから来てぶつかったというジャイアント・インパクト説とか、そういうので月になっていますと真面目に言わなければいけない。「あのころはなかったです」、「何年前ですか」、「1万5000年前」という話はしてはいけないのです。「おまえ、どこに根拠があるんだ」といろんな先生にたたかれますが、答えはこうです。それはおおくま座のひしゃくの形の北斗七星は一等星で、太陽と兄弟星となっているわけです。やはり近いために動きが速いのです。これは後に星田妙見宮のほうにもつながってきたり、ムー大陸の謎のいろいろの解釈とか、あの地域のことなんかもだんだんわかってくるようになるんですけれども、そういうこともあるのです。それを見てくると、年代測定ができるのです。

皆さんは、亡くなったときに、俺、何年前に行ってきたよということが多分わからないでしょう。新聞があるわけではない。おおくま座の北斗七星の形が過去においてはどういう形になっているかとか、未来はどういうふうに変化していくかというのを、準備のために一回勉強しておいたほうがいいですね。その必要性もないかもしれないですけれども、私はそういうことなんかも全部やって、生き返ってきたのです。

いろいろな場所にいたずら書き（証拠）を残してきた!?

生き返ってくると、こういうことが気になるのです。倒れたときに未来に行ったら、未来はどこかで交差するだろうとか、いろんなことがあるわけです。いたずら書きをした。高知県の土佐神社の中にある柱に、「つる」という字を書いてきたことを思い出したのです。昔、「つる」という字をずっと探して歩いた。宮司さんも含めて皆さんが中に入って、祝詞を上げてくれたりいろいろしているときに、私がうろちょろしているわけです。「木内、何やってるの」と言われて、「実は俺はここで『つる』という字を書いたんだ」ということで、祝詞が終わった後で、宮司さんも一緒になって探してくれた。そういえば、この神社は500年ぐらい前に火事になって、建てかえるときの御柱《みはしら》に「つる」という字があらわれたというのです。「『つる』という字を書いておいたから、普通の『鶴』ではないんです」という話をしたら、「それなんです」と言われた。筆字で書いてあると、墨は虫が食いにくいから残るらしいのです。へーえ、本当だということになった。そのときに宮司さんに聞いたら、建てかえるときに

「つる」という字があらわれたから、神様が何か意味を出しているのではないかということで、つる？　つるべ？　つるっ？　とか一生懸命調べたらしいのです。まさかいたずら書きだとは（笑）。いたずら書きなんて言えないと思ったけれども、結局しっかり言ってしまって、「エーッ？」と言われてしまいました。そういうのが多々見つかってくるわけです。

最初に22歳で生死をさまよったときに未来を見たら、生き返るとわかったのです。見ている現象が本当なのかどうか試したくて、過去に行って人の体を借りるとどういうことが起きるのだろう、本当はどうなんだろうということを全部調べたくなるわけです。実際に行ってみて、生き返ったときに何か痕跡を残すためには、北斗七星の絵を描いておく。あるいは、何か文字を書いておく。特に特徴的なものを書いておくと、俺が書いたとわかるじゃないですか。ほかの人はわからないですが、そういうようなものを書いてこようと思いました。

中国での2回目のすさまじい蘇る体験！

次に生死をさまよったときは、中国で2009年に皆既日食があった。中国の皆既日食はすごいですよ。スモッグで、フィルターをつけなくても普通に見えるのです（笑）。最初は10人ぐらいで行って、それを見ようということになったわけです。それこそホテルの外か何かで、お酒でも飲みながら。どうせ観測にならないから、そこでみんなで楽しもうということで、「木内鶴彦と行く皆既日食なんちゃってツアー」というようなことをやったのです。そうしたら、参加者が600人も集まった。それもすごいなと思った。

皆既日食の前の日に行ったら、空は晴天だった。「あしたは大丈夫だね。ここでやるからちょうどいいですね」と下見して、ホテルに行った。その夜、ドカーン、ゴロゴロゴロ、ザーッと雷雨がすごいのです。朝になったら傘を差して歩くような状態です。ものすごい数のバスで、観測は湖の真ん中の島でやることになったのです。自分たちが行ったとき、前もって来ている人たちが大勢いた。僕の名前を冠にしたツアーですから、僕が行くのを待っているわけです。「木内さん、きょう晴れますよね」と言ったって、土砂降りですよ。スタッフたちと話をして、「きょうはダメだよね。何ぼ何でも無理でしょう」と言って、みんなを集めて、「きょうは無理であるけれども、これも星の観測です」という話をやろうとしていたのです。そのとき、口が滑ってしまって、「とはいっても、こういうときに奇跡が起きるかもしれない。晴れるかもしれません」。余計なことを言わなきゃよかった。そうしたら、窓際にいた人が、あっ、晴れてきたと言うのです。本当に晴れてきて、皆既日食中はずっと晴れていたのです。すごい。私の力（笑）。

終わって、打ち上げをやりに行ったときに、ちょっとおなかの調子がおかしいなと思った。ツーンという重さがあったので、部屋に行って横になっていた。次の日も、近くの山に見学に行くコースのグループがあったので、ホテルに荷物を置いておいて、私もそこまで行くという話だったが、「申しわけないけれども自分はホテルで待っているから、皆さん、行ってきてください」と言った。朝になったら、本当に苦しかったんです。

朝食のときに、それでも何か入れたほうがいいかなと思って、エレベーターでおりたら動けない。おかしいぞというのでまたエレベーターに乗ってしばらくしたら、腰からズタッと砕けたのです。真っ赤になりました。冠静脈破裂で、胃袋にも穴があいていましたが、腹膜炎は起こさなかったのです。悪運が強い人はそうですね。ふだんの行いがいい人というか。普通なら、中に血を噴き出して腹膜炎を起こしてしまうのです。それが胃袋に噴き出したから外といえば外で、外から外へ抜けていくだけです。嘔吐と下血で真っ赤になって大変な騒ぎになっているのですが、そういう状態になりました。

そのとき、7リットルの血液が出て、救急車が来るまでに、まあ時間がかかりました。上海から西側に500キロ離れた高山《こうざん》市というところにいたのですが、病院に運ばれていった。そのとき、帽子が、旧陸軍の看護師さんたちがかぶるような赤い十文字のある、ああいういでたちなのです。ここは一体いつの時代かという感じでした。

そこで輸血の血液がないということで、出血をとめる処置として血小板をどんどん打っていったのです。体中がパンパンになって、噴水みたい。今つけてるこの腕時計はそのときもつけていたけれども、バンドがこういうふうにふくらむのです。やっと血がとまって、しばらくして大学病院に行きましょうということになって、そこから上海のほうに向かって300キロ行ったところにある杭州市の大学病院に入りました。そこでいろいろやってもらっているときにまた心肺停止になって、中国で2回、日本で22歳のとき1回、合計3回、心肺停止になっているのです。今度運ばれていったときもそうだったんですけれども、心肺停止状態になったり、また戻ったり、さらにまた停止状態になったり、戻ったりしていたのです。

そのときに、最初は食道静脈瘤が破裂したのではないかとさんざん言われて、一回、中の様子を見てみたら、破れた箇所がなかったのです。では、もっと奥かもしれない、ずっと奥に入れていこうということで、十二指腸あたりまで入れようとした。昔の、親指ぐらいの太さの胃カメラを口の中に入れるのです。普通はマウスピースをやって、ゼリーなんか塗って入れるでしょう。違うのです。そのまま入れようとした。あれは苦しいです。言葉は通じないし、ウーッという感じで無理やり入れられたから、また破けたのです。そのときに体中から血が全部出て、最終的に輸血は10本ぐらいつるしてありました。それも絞りながらやらないと血が追いつかないというぐらい、血があちこちから漏れていたらしいのです。「今、君のための血液が届くから、それまで頑張って」と言う。それだって、これだけしかないんでしょうという話です。「助かるんですか」と聞いたら、「運がよければ、と先生は言っていました」と言われた。どれだけ輸血したかを後で聞いたら、20リットルだそうです。だから、私は時々ことばが中国語になるのかもしれませんけれども（笑）、それは大変な状態だったんです。

それで蘇生して、帰ってきた。

死にぞこないの境界の世界で悟り知ったこと

あのときに見た世界は、膨大な意識の状態で、両方の立場でいろいろと違いが入っていて、地球そのものは一体何なんだろうかとか、いろいろなことを考えました。私たちの体は地球上でないとできない、育たないのです。

よく宇宙旅行に行きたいとか、ビル・ゲイツとかもいろいろ言っているんですけれども、火星に移住したら、骨がこんなに細くなってしまって、地球には戻ってこれません。第一、よその天体に行こうなどということ自体がおこがましいです。誰が地球をダメにしたのか。こういう事件が起きるよということを、生死をさまよっているときに見てくるわけです。

地球という星の環境の中で、まず生物の世界ができます。生物の世界ということは、私たち人類にとっては、意識の世界でなくて、この肉体を通じての神様です。立派な神様がいるのです。それは藻です。藻がなかったら、人類は誕生しません。植物も何も誕生しません。そこから始まっているのです。それを生かすために、動物の単細胞とか、複雑な幾つもの細胞が出てきて、それぞれの働きをしながらやってくるわけです。そのうち、それがだんだん結合していって、その次の働き、もっと複雑な働きをするようになってくる。そういう地球上でできた生き物が結合していって、どんどん新しく能力を増してくるようになるのです。私たちの体も、例えば直腸はナマコがもととなっています。ナマコの遺伝子を持っているということです。

そうやって、それぞれ単純な働きのものからでき上がってきて、そういう遺伝子を持っているものがまたどこかで結合して、複雑な生き物になっている。地球の生態系のバランスをとるために、それぞれの生き物ができてくるということです。

一番偉いのが藻です。藻を絶やすような地球の環境にしてはいけないということです。ですから、私たちは人間として、生き物の中ではどういう位置にあるかというと、一番の新参者ということです。新参者は、森を守ったり、下草を刈ったり、いろんな生き物の面倒を見なければいけない。人間のように創意工夫ができて、手足が器用に使える動物がほかにいるかといったら、似ているものはいるけれども、人間のようにはやらない。お猿さんとか、オランウータンは大分近いですが、人間のようにはなれないわけです。人間には人間の働きがあります。それをもって地球の生態系の環境を守る。つまり、山を育て、どのくらいの木を切ったらいいかということで間引きをする。そうすると、食べるものや何かがそこで得られるわけです。畑仕事をやったり、海から遡上するサケとかマスをとる。

実はこのサケとマスが海の豊富な栄養を山にもたらしているのです。遡上して産卵し終わったら、自分は死にます。死んだら、山の高いところにひっかかって、餌になってくれる。あるいは、腐って栄養になってくれる。泳いでいるうちは、熊やタヌキや何かにとられる。タヌキはそういう餌をくわえて、どうしてかわからないですけれども、高いところに行って食べます。そしてそこでウンチをし、いわゆる「タヌキのため糞」というのをつくります。

このため糞が多摩地域にも見られます。昔、多摩を調べました。都市農山漁村の交流実行委員会で自然の学校をやっていまして、私はその自然の学校の校長先生をやったのです。そのときに、そういう専門の先生に来てもらってタヌキの生態調査をやったら、「これがタヌキのため糞です。タヌキは海から来た魚も食うから、糞の成分を調べてみると、窒素、リン酸、カリ、いっぱいそろってるんだよ」ということでした。すごいと思いませんか。

「世の中間違ってる」ということが明瞭にわかってくる

皆さんはそういうことを忘れて一生懸命生活しているんですけれども、今、皆さんはどういう価値観で働いていますか。忙しく働いている。おカネを得るためです。おカネで何を買うのですか。食べるものです。一番はおコメを買ったり、野菜を買ったり、そういうことです。じゃ、自分でつくればいいじゃないですか。

売られている食品は、長もちするために腐りづらいものを何かくっつけていませんか。最近の人はそういうものを食べているので、腐りづらくなっていると聞いたことがあります。モンゴルあたりに行くと鳥葬だそうです。肉を切り裂いて置いておくんですって。そうすると、鳥が飛んできてみんな食べてくれる予定なんだけれども、今日このごろでは食べられないでそのまま残っている。自然に還りにくい体になってしまっているということなんでしょう。

今そうやって私たちは生活して、何のために働いているのかといったら、食べるものを買って、体にいいもの、いいものというけれども、食文化の中で体にいいものをつくるのが一番いいのです。売られているものは、どこに信用性がありますか。自分たちでつくったらどうですか。だって、それを買うために働いているんでしょう。

着るものだって、自分たちで繊維をとって染め物をやったら、もっときれいなものをつくれるのではないですか。コンピューターを使ってゲームソフトをつくったりする。これも別に悪くはないんだけれども、今はそれでおカネが動いていて、その人たちもそのおカネで食べるものを買っているのです。ファストフードか何かで、体に「いい」ものを食っているわけでしょう。……私はものすごくひねくれている。

そうやって生きていると、その人たちはやがてはいろんな病気になると思いませんか。糖尿病、高血圧、何だかんだといろんな病気になってくる。そういうものを治すのは薬草です。山に行ってそういう薬草を食べるとか、野菜や何かでも、自分たちが化学肥料や何かを入れないでしっかりとつくったら一番いいわけです。化学肥料を入れないということは、窒素、リン酸、カリがそろっていればいいんでしょう。タヌキのため糞です。

窒素はどこにあるかといったら、空気中の78%は窒素です。それを畑に呼び込むことはできないでしょうか。これは伝導率のある炭を敷いておくのです。そうすると、マイナスの場ができます。そこに向かって電気が流れてくるときに、イオン化された窒素が吸い寄せられてきて、作物が育つのではないかということをやっている人もいます。最近、根っこだけ出して空中で栄養を吸わせている植物もあります。ああいうこともできるような気がするのです。これからの農業のあり方も考えていかなければいけない。

ただし、今の世の中はおカネの社会に振り回されています。気がついたらおカネの価値がなくなっていたら、どうしますか。おコメがなくなってしまったも同然です。家族は4人います。お父さんは子どもたちや奥さんのために一生懸命貢がなければいけない。奥さんの言うことは大体決まっています。「お父さん、何とかしてよ」。そう言われたってどうしようか。働いておカネを入れたって、この紙切れは使い物にならないと言われたらどうしようか。アパートとか団地とかにいろんなお父さんたちがいて、最近では意外といなくなってきたんですけれども、昔はホタル族がいた。そういうおじさんたちがみんな集まってきて、「どうしたらいいんだよ。うちも食べるものがなくてさ」、「スーパーの裏側がいつもあいていないか」なんていう話になってきたり、どこかの田んぼの稲刈りを手伝いに行ってくるとか。

最近、新潟でも稲の泥棒が多いそうですよ。親切に田んぼの真ん中だけきれいに刈ってくれて、そっくり持っていってくれるらしいのです。とれたコメを備蓄する倉庫があるのですが、その倉庫のコメをかっぱらわれたというのも出てきているのです。幾らの被害か聞いたら、２００万ですって。その２００万が欲しいがために泥棒しているわけです。農家の人はそれが唯一の生活の糧です。一生懸命苦労して汗水垂らしてつくったら、横っちょから来てポッと持っていかれてしまった。地球全体でそういうことをやっていたら大変なことになります。

災害は100％人災／地球環境を壊しているのは人間です

いろいろ調べていると、だんだん気がつくのですけれども、これから自然環境が侵されていきます。地球の自然環境は現在も侵されているんですけれども、どういうものが侵しているか知っていますか。チンパンジーではないですね。人間です。

中国では、工業が発達する前に、東シナ海の上のほうの黄河とかいろんな川のところで、近代農業推進ということを鄧小平《とうしょうへい》さんがやってくれた時代があったわけです。かなり昔です。そこでは化学肥料をいっぱい使ってつくるという世界だったのです。

化学肥料を使って大体3年たつと、土がかたくなって使い物にならなくなる。日本では、そういうときには麦をまいて土壌改良をするのですが、中国の方々はその勉強をしてこなかった。入れかわり入れかわりで来ているから、一回砂漠みたいになってしまったところはそのままになっているわけです。そこに雨が降ると一気に流れ出す。黄河とか、雨が降らないと水が枯れてしまうという暴れ川になっています。おかしいでしょう。昔は船が往来していたんですよ。それができなくなったというのはつい近年の話です。

今、中国ではそういうことをやりながら、なおかつ、まだ栄養過多の状態をつくって、川から東シナ海に流しているわけです。そうすると、東シナ海の中は栄養がふえるから、プランクトンが異常発生し、赤潮が起きるわけです。そして、赤潮による水温上昇が熱帯低気圧を発生させることになります。すると、湿った低気圧と気温上昇によって、どこかの熱を奪うことになります。地球の平均気温は16℃です。それを挟んで、こっちがある程度プラスになると、その分が冷えようとするからマイナスを引っ張ってきます。そういう流れができたときに、空気がぶつかり合うところが日本の近海です。

最近の大雨、大洪水、台風のできる位置は、天から授かった災害だと言っている人たちがいますが、100%人災です。そういうことをしっかり考えていかなければいけないのです。

火力、原子力、ソーラーパネルは幼稚⁉／未来のエネルギーはこれらのやり方ではなかった

エネルギーの問題もそうです。例えば火力発電所はタービンを回しているだけです。お湯を沸かして電気をつくります。原子力発電所は、原子力の核分裂による熱エネルギーで何をしているかといったら、これもお湯を沸かしているだけなのです。そのお湯は被曝しているのでどこにも出せないから、密閉した状態で循環させています。だから、海の近くで冷やしています。お湯を沸かすだけで、そこから出る放射線や何かはムダになっていますね。

放射線には、アルファ線、ベータ線とかいろいろあります。ソーラーパネルみたいに、太陽の光の紫外線方向にあるエックス線とかいうものでしたら、電気に変えるこ

とはできないでしょうか。私はもっと研究が進んでいけばできるような気がするのです。原子力とかを使わなくても十分な電力を供給できる方法があるような気がするし、だったら太陽光でもいいのではないかということで、ソーラーパネルとは違った効率的で現実に即したやり方で発電することはできないだろうかと。

未来はそういう方向に行く予定なのです。見てきているんだけれども、その途中のアンチョコを見ていないんですよ。これをもう少し見ればよかったと思うのですが、それが私に対する課題です。私はそういう課題をいっぱいもらっているので、これを専門家の人たちともう少しひもといていく。こういうふうにやりながら、結果がこういうものになるものは何でしょうかと言ったら、専門家はわかるわけですね。もししたらこれかもしれない、あれかもしれない。地球の再生のためには、そういうことをこれからやっていく必要があるかもしれません。

火星に移住するより、宇宙船地球号を整えるほうが断然いい

どうでもいい話ですが、皆さんは隣近所、つまり月や火星のことを知らないでしょう。この地球上に乗っかって、この社会があああでもない、こうでもない、どこの星にも行けるとか、すごく思い上がっているわけです。地球の環境はすばらしいみたいな。ところが、私たちはみんな、この星に住めない環境づくりに貢献しているような気がするのです。火星に移住すればいいと言う人たちもいますが、はっきり言って現実的ではありません。できたとしても大変な困難が待っています。それにそもそもそれは地球を使い捨てにするという発想です。これは滅びる方向です。どちらがいいですか。どちらでもいいんですよ。だったら、これから発展する方向に行ったほうがいいと思います。

死後の世界に行くと、そういうことをいろんなものですごく学ぶのです。なるほど、そうか、そういうことか。そうしたら、今の産業構造をちょっと変えなくてはいけないなと。この地球の環境を取り戻すことを目的とした産業構造や経済システムを構築

していく英知が必要なのです。

生態系の循環性ということをいろいろやっていくと、やおよろずの神に行き着くのです。やおよろずの神がないと、私たちはおごりを持ってしまっている。今、自然界に対しておごりを持っているでしょう。一番の新参者と思って生きている人はいますか。人間は新参者なんです。下っ端、パシリです。そのくらいの謙虚さがなかったら、森を守ることも何もできません。

亡くなった人の意識へ入ることが可能／そこで見た驚愕の歴史

生死をさまよって、いろいろ歩いてきて、いろんな経験があるわけです。そうすると、たまたま変な友達がいて、何年か前に「木内さん、今そこにいて、亡くなった人の意識の中に入れるの」と言われました。「入れるわけないじゃん」と言いながら、ずっと考え込んでいたのです。

織田信長は本能寺の変で死んでしまったという。ヘンと言ったんですよね（笑）。

でも、織田信長が殺されたはずの何年か後に、信長の目線で風景が見えたら、生きているということですね。見えたのです。亡くなった人の意識に入ることができてしまった。そのとき見たのが福井県の小浜《おばま》での光景です。長男が少年使節団の子どもたちを引率していっているんです。誰かを待っている。その誰かとは誰だろう。「光秀、おまえは何をしていたんだ」と、この人が言っているわけです。明智光秀？　これはどうなっているの？

後で調べたら、2人はキリスト教の信者です。日本のトップをとるというのはレベルが低いと織田信長は考えてしまったわけです。何を考えたかといったら、バチカンのローマ法王になろうという魂胆を持ったらしいです。船で移動していくという話です。あなたは本当に行っているのかと意識の中で問いかけたら、行って枢機卿になっていると。さらに彼は、私にわかるように、「これが私だ」と英字で書かれた名前を示してくれた。これを、まず2文字外して、1文字読んで、1文字外して…と読んでいくのです。ジョルダーノ・ブルーノ（Giordano Bruno）という人がいて、最初のGi外してo、次のrを外してdanoBで、さらに次のrを外してu、あとのnoを除けばodanoBu、オダノブでしょう。これは彼が教えてくれたのです。「それは私だ。多分処刑されているだろう」と。そうしたら、そのジョルダーノ・ブルーノは火あぶりの刑に遭っているのです。年代は織田信長のころとほぼ同じです。これを調べていったときに、誰がびっくりしたかというと、自分がびっくりしたのです。本人が言ったとおりになっている。長男は織田信忠でしたっけ。両方がわかるようにと、これがうちらの一族みたいな形でした。

ローマの広場にこの枢機卿の像が飾られているんです。その鉤《かぎ》っ鼻の感じとか、織田信長の肖像画にそっくりなのです。頭の格好はあちら風になっているんですけれども、これは信長の声が聞こえたんだから一回行ってみたい。ここまで合っているのだったら、ちょっと見てみたいと思いませんか。来年あたり、ちらちらと行ってみようかなと思っています。こういうのを探って歩くのはおもしろいのです。死に損なってあれだけ苦労した。いろいろやらなければいけないことはいっぱいあるけれども、何が楽しみって、こういう歴史探訪です。誰も知らないような現実がおもしろいのです。

いろんなものを見てきています。これから佐々木宮司さんといろいろ話をさせていただくときに、歴史書に余り書いてないことを言ってしまうかもしれません。非常に楽しいこともいっぱいありました。見てみたいと思いませんか。パソコンでジョルダーノ・ブルーノと調べると、ウィキペディアとかどれかに載っています。ジョルダーノ・ブルーノは結構いいかげんな絵もあるけれども、しっかり描いた絵もあるので、それと織田信長の肖像画と比べてくださいね。ちょんまげがあるかないかの違いだけですから。

そういえば、けさ西山先生が、織田信長のデスマスクの話をされていました。あれは私も見せていただいたのです。毛穴がありました。亡くなった方は毛穴がないのです。「これは生きているな」と後で言ったら、「えっ、どうしてわかるんですか」と言われました。銃で撃たれた犬養（毅）さんの顔は毛穴がなかったのです。でも、物騒なものですね。さわってはいけないものではないかと思いつつ、「ここがですね」なんて話が始まってしまった。

皆さんも、これから先、こういうことがあるんですよ。こういう経験をしたことで、死の世界で楽しむことができる。死の世界といっても、別の世界ではありません。現実のこの空間で、肉体がないだけです。ここは時間と空間は関係ないから、過去も未来も全部同時に存在する。重なり合っている。一つのパラレルワールドみたいになっているわけです。

例えば小柴先生から頼まれて、カミオカンデ関連で基調講演をさせてもらったときに言ったのは、向こうはプラスの電荷を持った電子とか、マイナスの電荷を持った電子というのをやっているわけですけれども、この時空はプラスとマイナスの両方の漏斗状になっているというかクロスしている状態で、この両方の世界がある。それとこっちの同じものがぶつかったら、完全消滅します。と同時に、ものすごい勢いでエネルギーを放出します。これは推測ですが、死の世界にも質量があるということではないですか。

だから、おととし（15年）、小柴先生に師事されていた梶田隆章さんが質量があるということを言って、ノーベル賞をいただきました。小柴先生とその2つでもらったわけです。たしかアインシュタインは、1平方センチメートルの壁の面積で、向こうの世界にも同じものがあって、それが重なり合ったら、何千トンという石炭の量と同じぐらいの熱エネルギーが発生するということを言っています。それを小柴先生が研究されている。すごいなあと思いました。「僕はノーベル賞から遠いんだ」と言っていたのが小柴先生だったのです。私は講演会をやって、「そんなことはないですよ。絶対に近いですよ」と言ったら、「いや、僕は一生、酒で終わる」と言っていたんですけれども、すぐ後にもらいましたね。

いろんなことがあって、楽しい人生をやってきたわけですが、私の話はそろそろ時間になりました。あとは佐々木宮司さんと2人でトークの時間になります。これもまたおもしろい話が聞けると思います。そのためにとっておいた話もあって、言いたい

こともちょっと言えなくなっていたのですけれども。ここで一回休憩しましょう。ありがとうございました。（拍手）

交野天神社

木内　神社には、すばらしい星の世界の話がたくさんありますね。私が交野市にご縁ができたのは、1994年10月、私がちょうど40歳のときで、けいはんな学研都市ができたときです。これは筑波研究学園都市と同じようなものです。そこのオープニングセレモニーの基調講演をしたのが実は私なのです、偉そうに。笑福亭仁鶴《しょうふくていにかく》さんが司会をやってくださって、鶴・鶴でやらせていただいたのです。

このときに打ち合わせということで、交野市の教育長だったか教育委員長だったか、その方が、交野天神社の宮司さんだったのです。

佐々木　片岡さん。

木内　これは場所が違うんですけれども、枚方市にある交野天神社の宮司さんが、交野市の教育長さんか何かだった。そのときに「木内さん、講演にちょっと添えてほしい言葉があるのです」と言われたのです。「どういうことでしょうか」と言ったら、「天の川伝説がある」と言うのです。そういえば大阪府内に天《あま》野《の》川《がわ》ってあったよねという話になって、交野市に機物《はたもの》神社があるというので、地域の地図を見ながら、これがどうのこうのとお話ししてくれるのです。

講演会が終わった後で、今夜、子どもたちに星を見せてほしいという話もありまして、その準備をしていきました。そして、星図を広げて、市の地図を置いたときに、神社など諸々の配置と星の配置が同じように描かれているのです。星図と同じ配置というのは、例えば右の星は地図の右に描くと思うでしょう。逆なんです。右の星は地図の左に描くのです。左側に見える星は右側に描くのです。ひっくり返して天に向けたときに合うようにです。

天の北極点の位置が交野天神社です。極点は全ての線が交わります。枚方はそういう場所だという話です。全ての道路や街道筋が交り合う場所。だから、大阪の近くに行ったときに、枚方を目指してくると必ず通るような仕組みになっているという話です。

また、その近くにおもしろいものがありまして、鏡に伝える池（鏡《きょう》伝《でん》池《いけ》）がある。

すぐ後ろの標高の高いところには和氣《わけ》神社があるのです。和気清麻呂《わけのきよまろ》もあそこから始まっているらしいです。その高いところから交野天神社を一つの目安として、池に映る星の角度をはかっていくと、六分儀や何かで星と対応する座標を求めることができるのです。そういうことをやったのではないか。

そして、遠くのほうにある神社とかとやっていくと、上賀茂《かみがも》神社に当たるのが実は白狼《はくろう》（天狼・シリウス）と言われているのですけれども、シリウスという星を知っていますか。さっきの交野天神社を中心として、北側が冬の星座、南側が夏の星座だと覚えておいてください。全部南になりますからね。あそこが中心点ですから。そのときの北極星の位置がどこになるかというと、京阪電車の通る、ある場所に八幡様があって、そこには木があって、よけたような感じになっているところがあります。

あそこはたたりが起きるとよく言われていますけれども、当時の北極星の位置があそこの位置に当たるのです。あそこには何か埋まっているかもしれない。工事をやっているときに必ず事故が起きたとか、いろんな逸話があるらしいのです。だから、線路を曲げたという。すごく不思議な力が働いているんですかね。

佐々木　私が交野に行きましたときに一番気になりましたのは、まず天野川があるということです。それから、逢合橋《あいあいばし》、鵲橋《かささぎばし》がございます。鵲橋は西行法師が歌をうたっているのです。天野川を中心にしまして、古今和歌集にはこの地にまつわる歌がいっぱいつくられております。中宮とか、星にかかわる地名が特に多い。どこを歩きましても、星にかかわる地名がある。

一方で、秦《はた》の一族が祭った延喜式内社《えんぎしきないしゃ》である細屋《ほそや》神社というのが寝屋川にありますが、もとはホシヤという。延喜式内は天之御中主神《アメノミナカヌシノカミ》はほとんど祭られていないのですが、ここの神社は天之御中主神が祭られています。今はこれぐらいの敷地なのですが、昔は膨大な敷地の中であったものがほとんど削られていきまして、今は実は犬小屋みたいなお社になっております。そこは秦の一族が星を祭った場所で、延喜式内のときには大きな場所だったと言われております。

私は交野市出身でなくて、実は東大阪市出身なんですけれども、交野に来まして、星とのかかわり合いがすごいなというのがまず第一に感じたことでございました。妙見宮に入りまして、復興事業をずっとしている中で、これはずっとつきまとっている一つの課題でございます。

木内　あそこら辺の出土品を調べてみてわかってきたのですけれども、まず鏡があって、鏡は測量の機器になるわけです。反射させたりする。昔の剣《つるぎ》は、取っ手の一番おしりのところに丸く穴があいているものがあるのです。鏡の後ろにボッチ（穴）があるんですけれども、そこに差すことができるんですね。そして、動かすととめておける。角度をはかることができるわけです。勾玉《まがたま》は頭がでかくて、とがっています。これの真ん中にひもをつけてつるす。今、分銅で垂直を見るものがありますが、三角錐だと本当は見づらい。ところが、勾玉の格好だと、1個を見るとバッテンのところに持っていくことができます。これだけあったら測量ができる。湖があったら水平が出るわけですから、六分儀と同じような計算ができてくる。そうすると、あの地域はものすごく天才的な人たちが多くいた時代があったと思うんです。それははるかに古い時代だったかもしれません。

昔、ピラミッドというのがありました。3つのピラミッドは、オリオン座の3つ星を示すと言われています。これは冬の星座です。地球を天の天球として考えたときに、私は、日本にあるのは実は夏の星座ではないかという解釈を持つのです。それをはかっていたのではないかと思われる理由というのは、地球は丸いでしょう。ピラミッドが6500年前にここにできた時代までを調べると、星座の位置がちょうど正反対にならないで、少しずれているわけです。その位置と一緒なんですよ。

それだけではなくて、地球は丸くない。楕円体なのです。つまり、ピラミッドをつくった人たちの後にそういう人たちが来たということは、そういう人たちがわかってて来たのではないか。そういう能力がある人たち。そして、何かをつくった。方位方角をはかっていた。そこで計算して星の観測をしていたらしいのです。

隕石の落下があるらしいということが計算されていまして、実は驚いたんですけれども、星田妙見宮に隕石が落ちたのは、位置的に8月13日から14日ごろです。そうすると、ペルセウス座流星群とほぼ同じ時期になります。ペルセウス座流星群は太陽の周りを楕円で回っていて、地球の軌道とクロスしているわけです。それが8月の12日からそこら辺のところに当たるわけです。その星、母天体《ぼてんたい》を再発見したのが私なんです。これは何かの因果ですね。そういうことがあって、これはこれはと思った。

さっき言ったシリウスという星になるのが、おおいぬ座の一等星です。その星の位置に上賀茂神社の祠《ほこら》があるのです。それは白狼（天狼・シリウス）を祭っているのです。ちょっと待って。これは壮大な天文スケールではないかと。その神社の配列が、今はもうなくなってしまった神社もあるのですが、大丈夫だと思ったのは、キトラ古墳の石棺の裏側に、その痕跡の星の座標が出てきた。あれをこすって写し取った人たちがいて、それを星座ごとに分析してほしいと僕のところに送ってきて、それが家にあるのです。あれを調べてみたいですね。キトラ古墳の時代に描かれたものと、それが一致してくる可能性があるのです。それで計算していくと、年代がわかってくるのです。

ただ、星田妙見宮には、北斗七星のひしゃくの格好が描いてある。ひしゃくが本当に四角なのです。今は少し楕円形みたいな形になっていますね。今はそこまで広がってしまったわけです。それを調べて逆算していったら、西暦535年だったのです。ということは、西暦535年に落ちたのではないかということが言える。それがスイフト・タットル彗星の大きいかけらが落ちたときだったのです。

ちょっと待てよと思っていろいろ調べてみたら、おもしろいのですが、ベツレヘムの星というのがあります。あれはある星のところを動いていくという話だったんですが、彗星だった可能性もあるんです。私がスイフト・タットル彗星を発見してから、キリスト教の調査をする人たちが調べた結果、それに当たるということがわかったのです。それとも一致して、しかも、星田妙見宮に落ちているということは、何か特別な意味合いがあるような気がしてならないのです。

やはり隕石落下地点か⁉／星田妙見宮周辺には砂鉄もとれないのに鍛冶屋がいっぱいあった

木内　今でも覚えているんですけど、あのときに交野天神社の宮司さん、教育長さんから言われたのは、このあたりは星の話とかいろんなものがある。星田妙見宮に隕石が落下したかどうかは別としても、砂鉄もとれないのに、あのあたりに鍛冶屋さんがいっぱいあったということだったんです。探しましたよね。

佐々木　交野というのは、実は神武東征の以前に開けていたところです。『古事記』の中では、天照国照彦天火明 櫛玉饒速日命《アマテルクニテルヒコアマノホアカリクシタマニギハヤヒノミコト》（以下、櫛玉饒速日命）が初めて天神として天下った場所が哮峰《たけるがみね》と言われています。ちょうど星田妙見宮から見えるところに、まずおりてこられた。岩樟船《いわくすぶね》という大きな船に乗っておりてこられたんだという伝説が昔から残っているところです。

羽衣伝説に関しましては、私が調べる限りでは、羽衣伝説はほとんど物部一族が伝えているということがわかる。今の細屋神社は秦一族が星を祭っているんですけれども、交野の地にも太秦《うずまさ》という地名がございます（現寝屋川市）。そこに秦一族がしている鍛冶屋さんがあったという言い伝えがあります。

星田妙見宮の隕石の落ちた場所の横手の谷は鐘鋳谷《かねいだん》といいます。物部は、剣等の武器を支配していた。彼らは星の信仰をすごく持っております。

今出た上賀茂、ご祭神さんは、天火明櫛玉饒速日命とご同体である。実は海部《あまべ》氏系図と申しまして、丹後の籠神社《このじんじゃ》に日本で一番古い系図があります。それによるとご同体なのです。

もう一つ、星田妙見宮は、ちょうど冬至の日の未明に、櫛玉饒速日命が降臨した哮峰から太陽が上ってくるのです。私は実は交野が原を日本遺産に登録するプロジェクトの一員としまして、交野市と枚方市とで別々に文化保存をしているとダメなんだ、交野が原という天野川を中心とした一帯のそれぞれの拠点を結んだ形で、古代の人たちが何を考えていたのか、なぜこんなに古くから文化が栄えたのか、それを継承していかなければならないということで、両市に働きかけをしているのです。それぐらい古い場所でございます。

ここには3世紀末から4世紀前半の古墳がものすごく多いです。そこの一番古い古墳からは直刀が出ておりますし、兜、鎧も出ております。ひすい、勾玉、やりがんな、刀子《とうす》といったものがほぼ全て出てきております。これらのお墓は、実は物部の墓です。星田妙見宮には妙見山古墳があって、ここでも直刀が出てきています。

木内先生が一番疑問に思われますのが、当地は星田も、カナホリとか、金にかかわる村が多いのですが、最初に木内先生がおっしゃられました交野天神社の宮司の片岡さんがおっしゃるように、これだけ鍛冶屋とか、たたらの遺跡があるにもかかわらず、鉄の産地がないじゃないかということでしたね。当時は歴史上では新羅から鉄を買ってきて、加工しているという形になっているのですけれども、秦一族の刀鍛冶とか、星田の鐘鋳谷とか、また星田の本当に近くにはカナホリの里がある。彼らはその鉄をどこから供給していたのかということは、いまだに一つの大きな謎です。

『ルパン三世』の「斬鉄剣」は隕石でつくられている!?

木内　『ルパン三世』をごらんになったことはありますか。「斬鉄剣」というのがあります。隕鉄を真ん中に挟んで、やわらかい鉄でサンドイッチして打っていくと、斬鉄剣みたいな刀ができてくる。鉄で兜も斬れるというと、今で言えば、とてつもない武器です。ですから、人を近づけないようにするという話があるのです。星田妙見宮の入り口に実は一つ関所があったのではないか。そこから入って、土を掘って、最後に出てくるときは、草鞋《わらじ》の土もとったというぐらい、すごく厳しいところなんです。

佐々木　タブーとして言われたことがありまして、星田妙見宮にお参りすると、草履の砂一つ持って帰っても祟りがある。これは地元の方が今日まで伝えてきました一つの妙見宮に関する言い伝えです。

木内　それが斬鉄剣の、隕鉄のかけらというか砂になったりしていたのではないか。西暦2000年より前、鉄がどこかにないか地面を調べましたね。でも、全くないというのもおかしな話ですね。あれは全くなかった。全部調査したんです。全くないというのは、逆に言うと、本当に持っていってしまった。

佐々木　それと地形が、妙見宮には登龍の滝というのがあるのですが、そこは岩盤なのです。そこに堕ちて、堕ちた部分の岩盤がえぐられて、全部飛んでしまっている。そこにお参りする人たちに関しましては、土一粒たりとも出してはいかぬぞというタブーが、私が入ったときにも既にございました。

隕石落下で政《まつりごと》をしていた人々が急にいなくなった／磐船に乗って天からやって来た人々の正体も見えてくる!?

木内　星田妙見宮の一番の底になるところと、裏にある磐船神社、岩がコロコロしているところがあります。あれを一直線で結んだところに上空から落ちてきているんですね。そうすると、計算が合うのです。それが落ちてゴロゴロと大きい岩が飛んで、あそこを埋めたのではないか。

西暦535年の2〜3年ぐらい前だったかな、韓国で王家の兄弟げんかがあったのです。負けたほうが追い出されて、福井県の白山の麓に都をつくり始めた。そのときに、多分隕石の落下を見たのではないか。これは仮説ですけれども、そのころ、もしかしたらそのちょうど南側、さっき言った線上の南側に、隕石の落下で半径が100キロ、直径が200キロという大きいきのこ雲ができたということが想像できます。その範囲が2000℃近い高熱にさらされる。今の帝塚山《てづかやま》学院があるあたりとか、もう少し手前のキサガワ、あそこら辺までの範囲で都があったのではないか。それが一瞬にして蒸発してしまったのではないかと思うのです。つまり、政《まつりごと》をしている人たちが急にいなくなってしまった。

そのときに、福井のほうに韓国から流れてきた人たちが、何だ何だと来たと思うのです。「あっ、都が滅んでいる。これからこの日本国は俺たちのものだ」と思ったかもしれません。そして、「私たちは、磐船に乗って天からやってきたんだ」とあちらこちらで宣言してしまうのです。そうすると、天孫降臨。磐船に乗って天から来た、そういう話になって、今の天皇家に伝わっているのではないか。

佐々木　星田の縁起では、816（弘仁7）年に星が落ちたとあります。これは貞《じよう》観《がん》7年に書かれた。865年に当たります。一方、それにかかわります獅子窟寺のほうでは若干の差がある。数十年違うのです。だけど、同じことを書いています。ところが、その前に桓武天皇が、交野が原にある交野山の真北の方位に長岡京をつくろうと思いまして、交野が原に何回も来るのです。785年に彼は初めて天皇として、交野が原で天を祭るのです。天を意識しまして、彼の衣には北斗七星が必ずつけられていた。今の大嘗祭《だいじようさい》のときの真床襲衾《まどこおふすま》、着物には、背中のほうに必ず北斗七星がついております。

京都の北野天満宮は菅原道真公の怨霊（御霊）信仰で祭られたと言われているけれ

ども、その北野天満宮のある場所は、昔の天神さんを祭った場所です。当時の大嘗祭に使いました穀物をつくる悠紀田《ゆきでん》、主基田《すきでん》という聖地だったので、今、北野天満宮には、そういう遺物も残っているのです。それは菅原道真公が怨霊（御霊）信仰で今の天神信仰になる以前の天を祭っているところだからです。

交野天神社は、交野天満宮とは言わないです。日本には、天満宮と言わずに天神社と言うところが結構あります。そのご祭神様は多くはスクナヒコナノオオカミです。スクナヒコナノオオカミは実は渡来系の神様なんです。天神信仰はそんな形で、天皇が天神を祭った。菅原道真を祭ったのでなくて、天そのものを祭っているのです。これは７８５年に初めて祭っています。

なぜ交野が原を目指したのか。なぜ桓武天皇は交野が原で天を拝んで、自分がみずから天皇になったということで、お父さんの光仁天皇にご報告し、神にご報告したのか。このようなことは、歴史書では本当に稀有な一つの事象になっております。

木内　時代背景というのは、当時は、ある程度都合に合わせて。

佐々木　だから、妙見宮で８１６年というんだけれども、８１６年にあれだけのものが全て一緒に落ちてきたときには、何らかのほかの事象もあるのではなかろうかと思います。

木内　あの当時は、もっと文明の発達していた人たちでなければおかしいのです。さっき言ったみたいに、星座を描いているぐらいで。ただ、そういうところは全部神社になっていた、何かお祭りしたということも考えられるわけです。そういうことを考えていくと、星座の形も年代測定できますから、調べていくといろいろなことが見えてくると思うのです。ですから、これからまだまだいろいろ調べていきたい。

ここ星田、交野には空海そして、秦一族との強いかかわりが見えてくる

木内　もう一つ、妙見さんというのがありますね。今から1000年ぐらい前の時代に私が旅をしたとき、おもしろいことがありました。イザヤという人がいまして、この人がいろいろ謀反を起こすのではないかということで捕まった。これから未来で起きることを羊の皮に釘みたいなもので文字を打って、これを油につけてくるんでおいて、直径5～6㎝くらいのスズのワイングラスみたいなのに入れておいたのです。そ

このマークが八芒星なのです。一筆書きの八芒星。それをずっと探したら、大阪に妙見山がありますね。

佐々木　能勢《のせ》の妙見山。

木内　これはもしかしてキリスト教と関係があるかなと、すごく気になったのです。そうしたら、あそこは隠れキリシタンの里だったんですね。驚いた。すると、妙見とつくのは、大体そういう形のものもあるかもしれない。

そして、空海が出てきますね。むかし、空海は本当にインドに行ったんですか。あるいは、景教《けいきょう》（キリスト教）系のほうに行ったんですか。景教系だとしたらキリスト教に近いものもあるわけですね。

佐々木　弘法大師空海は、向こうに行くときに、景教の教えとかゾロアスター教、火の祭りとか、日本で組み立てておりまして、行ったらずっと回るのです。2年間で自分の思っている構想の中でほとんどのものを学んできます。

今、護摩というのがございます。これは私だけの思いですが、交野が原で天神を祭られますときに、桓武天皇は怨霊にたたられました。霊にものすごく敏感な方だったんです。当時、南都六宗はほとんど衰退していました。その中でも辛うじて頼れるのは法相宗《ほっそうしゅう》だったんです。空海は佐伯で生まれているけれども、お母さんは阿刀一族です、阿刀一族は物部です。法相宗のトップは阿刀が握っておりまして、一介の僧が唐《とう》に行くのも阿刀大足というおじさんに協力を受けているのです。彼は怨霊の鎮めをしている間、それを公にできないので、実は空白の期間があるのです。空白の期間に怨霊の封じ込めに奔走したり、初めて天神を祭ったときに同行したりしているのです。

天子が王都の郊外にて天地を祀る、郊祀《こうし》というものがありますが、その方法は、まず獣を一匹持ってきまして、天にこれを捧げ、「私はここの帝としてただいまから治めさせていただきます。どうかご加護をください」と祈ります。天に捧げ物をするときに、獣を焚きまして、煙にさらしまして、全てがなくなるまでお供えします。そのときに哮峰から太陽が出てくるのです。これが郊祀というものです。弘法大師空海は、その郊祀の仕方を見て、今日の護摩のもとをつくっています。火を用いるという方法を確立した。彼は物部一族という意識もすごくあったので、鉱山、丹生《にう》（水銀の鉱脈）の方面に長けておられた。

妙見宮は、816年に弘法大師空海が虚空蔵求聞持法を修したときに、佛眼佛母尊というので妙見さんが出てきた。「諸法の実相を智見」するという流れが、私から見ましたら、全てにおいて余りにもバッチリとできている。虚空蔵を拝んで、佛眼佛母尊を拝んで、妙見さんが出てきてと、ここは全ての実相に目を開くところなんだという形で、数十年後にはそういう縁起ができ上がっておりました。816年にできて、そこまでの形ができるかというのが私はちょっと……。というのは、本当はもっと古くからあったのを、816年という形で縁起をつくり、獅子窟寺のほうで、若干違うけれども同じ時期にそういう形でつくっている可能性もなきにしもあらずなのです。

日本に仏教が入ったのは538年です。実は木内先生が535年を中心に見た星座が、交野天神社をめぐった天空を写し取った星の形になっている。その一つの目安である北斗七星の形が年代によって全部変わってくる。それを長らく聞いておりまして、私自身が、「816年に現在の縁起ができているけれども、星が降ったのも確実だし、弘法大師空海がここを中心に妙見信仰を広めていったというのも確かだ。ただ、その土台となっている出来事が果たしてその時期なのか、もっと以前だったのか。そういった文化をもたらしたのが誰なのか、物部ではなかったのか」と疑問に思ったのです。私が調べますと、物部は朝鮮半島の扶余《ふよ》から来た。その扶余には、今現在のトルコから来ている。2段階の流れがあるのです。その辺を考えましたときに、星の信仰はどういう伝達になっているのか。

また、交野の星田の近くは秦一族がすごくかかわっております。秦姉子《はたのあねこ》という方が菩提を弔ってつくったという小松寺という廃寺がありまして、あの一帯は秦一族とのかかわりがものすごく深いのです。そういう面では、木内先生がおっしゃっているような形の歴史の中でも、星にかかわる出来事がそんな形で文化を形成しているんだなということを感じるんです。

木内　隕石は、地球の表面を直線的に突っ切って落ちていくのです。ですから、星田妙見宮に落ちたものも含めて、一直線上に並んでいる痕跡がほかの地域にもあったのです。それが西暦535年です。それは同じものだろう。西暦535年というのは西洋的な呼び方ですけれども、それは正しいのではないかという気もするんです。

自分が未来で行った場所の一つは高野山だった!?

木内　たまに私は稀有な経験をするんです。高野山で講演したことがあって、1994年に、アジアの大学院生、留学生が来たときに、最後のゼミを私が担当しました。22歳で生死をさまよったとき、自分が未来に行った場所がそこだったのです。今ここから自分が出てくるんだなと、いろいろ考えていたのです。そうしたら、京都大学の水野先生が「木内君、どうしちゃった」と言うから、「22歳の僕が向こうから出てくるんです」と、わけがわからないであろうことを言ってみた。「大丈夫か」と言われるかと思ったらそうではなくて、「それはどういうことなの?」と聞かれたので詳しく説明したら、その後僕が食事をしている間に高野山中のご住職に全部連絡が行きまして、あの世の世界の話を聞きたいと。

そのとき、いろいろ話をして、次の日に、高野山の一番奥にある、空海が入寂《にゅうじゃく》された場所へ行って、そういえば、昔はここはこんなにお寺とか石塔がなかった、本当はそれを嫌っていたはずなのに、何でこうなってしまったのかとずっと思っていたのです。

そのときに、空海さんが言っていることが見えました。人間のこのボディは地球上のものというか自然のものであるから、終わったら土に返しなさい。脱ぎ捨てるのではなくて、ちゃんときれいに畳んで土に寝かせておくと、全部土になってくれるそうです。魂は昇天する。その昇天した先にある結界の場所に、いわゆる鳥居みたいなものがあるのです。これがこの世とあの世の境であると。ああ、空海もそうやって考えたんだと思ったのですが、これは合っていますか。

空海の妙見宮の位置づけは虚空蔵、佛眼佛母尊、宇宙そのものである

佐々木　この世はこの世ですべきことが絶対にあります。それはあの世とのかかわり合いである。

実は森田龍僊という星田生まれのまだ小学生の子どもが、毎朝小学校へ行って帰ってきたら、妙見宮に上りまして五体投地をしていた。そして、青年になったときに、高野山に入って坊さんになりたいと言い出す。高野山に入りまして得度《とくど》しまして、高野山大学の総長になりました。今現在の日本の真言宗の密教占星法の名著を書き上げるんです。

そのときに、「私は小さいときに妙見宮に上ることが日課だった。物心ついたときに弘法大師にお仕えしたいと思って、高野山に行きまして、この本を書き上げました。書いているときに退任しなければならないので、私が当たりましたのが日本三大妙見宮の日光院の妙見宮の住職になるということで、また私はそこに行くことになりまし

た。これは生まれてからずっとの縁なんだといまだに思っております」と書いているのです。

人間にはそういう目に見えない、その人間がしなければならない役割があるのです。それがまた、その形でいくんです。この人間はこういう形でやれば、こうなるということが、あの世でほとんどわかるのです。

未来は確実なものでなくて、つくっていくものだけれども、その人間の魂の内容や生き方とか成長によりまして、この人間はこうなるというのが大体事後的に推論できる。あの世では、過去はもう確定したものだから見ることができる。あの世に関して、そういう形でほぼでき上がってくるのです。

ところが、私たちは、例えば悪いことがあったら変えなければならない。それは確定していないから変えられるのです。「今の形でいったらこういう現象が起こる」ということは、あの世に入り込んだら見えてくる。

木内　3回も見せられましたね。

佐々木　それはある程度現実を帯びた形で見えてくるし、現実に近い形で知らされる。正夢もそうです。今現在の自分のソウルの状態、段階が反映されてくるので、今の世の中ではそれはできないけれども。私は木内先生のお話を聞いておりまして、そういう魂の状況に3回も入られて、ああ…と。

木内　もう一度やり直しみたいな。

佐々木　自分の今生の一つの役割を、そのたびにまたしておられる。

木内　大変なんですよ。

佐々木　交野に来られまして一生懸命調べられたということですが、交野天神社の裏側にやぐらがありますね。

やぐらに上ると鏡伝池という池がありまして、その池に天上の星が映し出される。この地上に壮大な日常の宇宙ができてくる。

弘法大師や当時の人たちは、今と違い、生きている日本の地べたをはい回っているのではなくて、空を見ていた。過去に木内先生が、『宇宙《そら》の記憶』という本を出された。それは「宇宙」と書いてわざわざ「そら」と読ませている。

神道のほうでは、空は天なのです。宇宙などという言葉は使わないです。だけど、空海は空といったら宇宙を見ています。宇宙も天体も全てを見た中で、自分のソウルの位置はどうあるのかを考えて、諸法の実相、諸法というのはこの世だけではありません。宇宙を含めた全てを、この世で見つめてみる。

今から22年前に『宇宙《そら》の記憶』を出されたときに、わざわざ「そら」と振り仮名を振っておられた。私はすごいなと思った。自分の魂は、ただ日本のここのというので なしに、それぐらい見てこられたのが弘法大師だと特に思う。だから、彼の妙見宮の 位置づけは、虚空蔵あり、佛眼佛母尊あり、そして妙見宮ありで、彼はその真言宗と いう中で宇宙そのものを解くのです。それは本当に木内先生がおっしゃっていること の内容なんです。

木内　たまに自分が一体誰なのかわからなくなっちゃうんです。いろんな時代背景に 介在している。今の俺は俺かなと、やたらおかしなことになってくるわけです。

佐々木　すごいエネルギーを持っておられますね。向こうに何回も行ってきておられ て、ここでなされることがそれだけ確実に意識づけされていると思うのです。

木内　これはやっぱり後世に伝えて、これからの新しい地球づくりのために、生態系 のバランスとか、そういうものをちゃんと整えていかなくてはいけない。その中で生 活していくのが、我々地球人としての役割なのかなと思います。

北斗、比礼、十種神宝／妙見信仰の核は「調和」だった

佐々木　私は、ここ10年間の木内先生のおっしゃってきたことの中ですごく感心したことがあります。炭素が化石になって埋もれてくる。わざわざ石炭になって、地球環境を守るために自然が一生懸命資源の中に放り込んできたものを、なぜ改めて出してきて、それで二酸化炭素をさらにふやして、バカなことをするんだ。自然の成り行きを見ていたらわかるのではなかろうかということを淡々と、平然とおっしゃっておられる。これは言われてなるほどな、自然というのはすごいんだな、そういう一つの調和というレベルの中で物事が行われているんだな、人間の心も実はそういう調和の中で行われているのだろうなと思いました。

妙見信仰は実は調和の信仰なんです。それが北斗の働きであり、比礼である。十種神宝の比礼はそういうものなんです。調和をとるために、力だけではダメなんだと。これを篤《とく》とおっしゃっておられた。ただ平然とおっしゃっておられるけれども、私が聞いたときには、そうなんだと思いました。自然を見たら、それだけの仕組みの中で、

この宇宙が今まで自動的に守られてきているんだ。これを守らずにいたらおかしいんじゃないか。経済とか産業とかは、こういう土台があって初めて成り立つもので、魂の次元をそういうことが見えて行動できるところまで持たなければいけない。ただへばりついている人間ではいけない。

先ほどもふれましたが、妙見宮では、線香立てに「天尊山」と書いております。天を仰ぎ見たら大地にひれ伏せ。大地と天のはざまで生きているということ、生まれたら一回は、天のありがたみと大地のありがたみを、涙を出して、感激の喜びを出してごらん。そうすると、生かされていることが本当にすごいとわかってくるよと。

木内　本当にそうですね。生かされているんですよ。

佐々木　話を聞いておりまして、いつも実感するのです。初めてお会いしまして20年ぐらいたっているんですけれども、その姿勢をずっと変わらずにやっておられる。そういう面では、本当に頭が下がるなという思いでいっぱいでございます。

自然の全てに役割がある／なぜ年に一度出雲にやおよろずの神々が集まるのか⁉

木内　何とかしてこの地球をよくしていきたい。それればっかりですね。その中で、では自分たちは何ができるのか。いろいろ調べていくうちに、一番すごく驚くのは、トータルという意味の「やおよろず」の神の世界ですね。一神教とかいろんな宗教があるけれども、そんなのではなくて、地球そのものなんです。それがなくなったら、どんなに偉そうなことを言っていても終わるのです。終わることは保証されています。そろそろそれに気がついて、今の産業構造や経済も含めて、私たちはこれから何をしたらいいのかという英知を働かせないといけない時代が来ていると思うのです。

佐々木　やおよろずの神々は1年に一遍、出雲に集まられるという話をご存じでしょうか。世界中の人から見たら、何とのんきなことを、真理は一つだ、こういうときにこうするというのが真理なんだ、なぜ日本の神様がわざわざ1年に一遍集まって話をしなければいけないんだと言うでしょう。

そうではない。まず、日本の神様は意見を一人残さず聞く。みんなが納得する中で物事をする。それが真理に1歩でも2歩でも確実に近づいている証しなんだ。これが真理だと一遍に押しつけてはいけない。一つずつの物事は全てそういう役割を持っていて、10人いたら10人が皆それなりに納得する。「わしはわからぬけれども、みんながそんなに熱心に言うてくれているのだったら、一遍それでしようかな」と、これも納得なんです。

「おまえはちょっと黙っとれ。頭が働いておらぬ。この人は立派な人だから、この人の言うことを聞いておればいいんだ。黙ってろ」というのはないんです。みんな意見を述べる。天《あま》の安河原《やすかわら》でやおよろずの神が1年に一遍に集まるのはそのためなんです。『古事記』には、天の安河原、天の河原がちゃんとありまして、天照大神様は織姫殿ではたを織る。対岸には素戔嗚尊《すさのおのみこと》、牛頭天王《ごずてんのう》、頭は牛です。お2人が、お互いが、「私は悪いことをしようと思って高天原に上がってきてはいないんだ、お互いの心を見合いましょう」と、誓約（ウケヒ）をするのです。これは天の川の彦星と織姫なのです。日本にはそういう伝統があるんですね。

八百万の神々一人たりとも逃してはダメなのです。自然の全てに役割がある。それを声を大にしておっしゃっておられて、私はすごいことをおっしゃっているなと思ったのです。

木内　よく考えてみたら、人間一人一人が同じことをしているのが平等ではなくて、一人一人の能力をこの世の中に発揮できること、その能力が平等なんです。その平等性を勘違いしている人たちが多いと思うのです。それはつり合うものでも何でもない。逆に言えば、要らない人はいないのです。みんな重要な人たちです。

周りがよくなったら自分もよくなる／これが本当の現世利益《げんぜりやく》のあり方

木内　例えば簡単な話ですが、おコメをつくることが三度のメシより好きな人は、おコメをつくってみんなに自慢をするんです。野菜をつくることが好きな人は、野菜をつくったらみんなに自慢をする。見返りを求めてはいけないんです。なぜ求める必要性がないかといったら、結果的にやっていくんでしょう。そこに平等性があるじゃないですか。

佐々木　自分がよくなったら周りもよくなる。周りがよくなることを祈っていたら、必ず自分がよくなる。これが現世利益なんです。私だけよくなりたいという形で拝んでいましたら、周りが悪くなるのです。周りのおカネを私のところによこしてください、全ての名誉を私に注いでくださいと祈るのは、周りが全部削られて現世利益ではないのです。現世利益というのは、周りがよくなったら、私のこともともによくしてくださいということ。

木内　手放すところから始めればいいんですね。

佐々木　これがあって初めて現世利益という言葉が出てくる。現世利益というのは、自分一人だけのものではないんです。そういうことを私は木内先生の何げなく話しておられる中にすごく感じる。特に宇宙、自然の中にどれほどすばらしい調和の教えがあるかを、私たちはもう一度見なければならないと思います。

木内　そうですね。年をとるとそろそろくたびれてくるのですけれども、そのありがたみというか、自然界のシステムについて、若い人たちにどうやって伝えていったらいいかということもそろそろ考えないといけない。自分だけがよければいいという世界とは違うんだよということですね。

戦争なんかをやっている人たちは我《が》を通しているわけです。いいかげんにしなさいと言いたいです。これから先、私たちは本当に住みやすい地球づくりに対してもう一度英知を働かせて、自然界の摂理というか、栄養の流れとかそういうものをもう一度よく考えてみましょう。大学とか高校ではみんな教わっていると思うのです。でも、教わっていながら、もう忘れているわけですね。あした給料幾らになるかなとか、今度何か食べに行こうとか、きれいなものを着ようとか、そっちばかりに走ってしまっていて、地球のよさをみんな忘れている。

宇宙に逃げるより宇宙船地球号を修理しよう

木内　ことし、奉仕団で皇居に入れさせてもらったんです。掃除です。あの中はすごくすばらしい自然界の流れがつくられています。いい勉強になりました。あの中に入って外を見ると、高層ビルが見えない。本当にいいところです。あれが都会のど真ん中にあるということは、モデル地域としては最高です。

佐々木　そこで行っていることは、毎年毎年ずっと変わらずにやっているのです。繰り返しです。人間は繰り返しがあるから、繰り返しの中で自分の愚かさを抑えられる。

木内　考えさせられるのです。

佐々木　だから、繰り返しはすごいことだなといつも思います。単なる繰り返しではない。わざわざ繰り返すことによって、その年その年の自覚とともに、自分のやるべきことを反芻して続けてきているんだ。これは大事だなと思います。

先ほども言いましたけれども、イッショ（ウ）ケンメイという概念が、一所懸命というのと、一生懸命というのと、今と昔では違ったのです。一つのところに一所懸命生きるのがどれだけ大事なのか。土地に対しての思い。みんなの思い。自分が背負っている役割の思い。それはあっちこっちでなしに、その人間しかできない一つのことがあって、一所懸命に一生かけて繰り返し、繰り返し一つのことをやっていく。妙見宮に入っておりますと、そんなことを感じます。

昨年、１２００年祭をやりまして、木内先生がわざわざ来てくださいまして、先ほどの地上に描いた星図の話もしていただきました。宇宙というもの、人間の魂そのものの次元での思いの発露の話も含めてしていただきました。20年間ずっと見ておりまして、いつも思いますのは、そういう面でいつも謙虚でなさっていることで、３回も向こうへ行って、向こうの伝達をなさっておられるんだけれども、その基盤には、調和の世界を大事にしなければならないんだという思いがあるのをいつもひしひしと感じまして、頭が下がる思いがします。

木内　とんでもないです。いずれにしろ、これから私たちは宇宙に逃げていくとか、そういったことを考えるべきではなくて、宇宙船地球号という名前でもいいじゃないですか、この地球をしっかりと修繕して、住みやすい環境をつくって、体にいいものをつくって食べていく。これが一番いいんじゃないかということで、きょう、そういういい課題になったかどうかわかりませんが、ちょうど時間になりました。どうもありがとうございました。（拍手）

木内鶴彦　きうち つるひこ
1954年６月４日～2024年12月１日。日本のコメットハンター（彗星捜索家）。長野県南佐久郡小海町出身。子どもの頃から星や宇宙の神秘に魅せられ、独自に観測を行うが、小学校５年生のときに観察した池谷・関彗星がきっかけとなり彗星に興味を持つ。その後航空自衛隊に入隊しディスパッチャー（飛行管理）となった。22歳のとき生死をさまよう病気をきっかけに退官。以後長野県にて彗星捜索家として観測を続ける一方で、全国で講演会、観望会を行い天文や環境問題を説いて回る。2009年、皆既日食観測のため訪れた中国で、吐血・下血して倒れ、ふたたび生死をさまよう経験をする。彗星発見に関しては、1990年３月16日、チェルニス・木内・中村彗星発見。同年７月16日、土屋・木内彗星発見。1991年１月７日、メトカーフ・ブルーイントン彗星を再発見。1992年９月27日スウィット・タットル彗星を再発見する。1993年９月、国際連合よりスウィット・タットル彗星発見の業績を認められ、小惑星に「木内」と命名された。

佐々木久裕　ささき ひさひろ
大阪府交野市 星田神社・星田妙見宮宮司
1952年9月11日東大阪市長堂にて生まれる。関西大学卒業後、ささき電器製作所従事を経て、東芝オフィスコンピュータトスバックシステム販売によるサイカシステムを自営の折、縁あって星田妙見宮に参拝、荒廃せる当宮の復興をせんと独学によって明階試験検定に合格。平成8年、星田神社、星田妙見宮宮司に就任。同年より星祭、七夕祭、星降り祭を復興するとともに、両神社境内整備改修に取り組む。
【公式】星田妙見宮ホームページ―七曜星降臨の地
https://www.hoshida-myoken.com

須田郡司　すだ ぐんじ
1962年群馬県沼田市生まれ。写真家・巨石ハンター・石の語りべ。琉球大学卒業。雑誌カメラマンを経て独立。沖縄の御嶽（ウタキ）との出会いから聖なる場所を巡り、アニミズム的な視点で各地に残る巨石文化・巨石信仰を取材。日本石巡礼（2003～2006）、世界石巡礼（2009～2010）を行う。2004年より巨石文化の魅力を伝えるため「石の語りべ」講演活動を展開。「石の聖地」研究、巨石マップ制作、巨石ツアーのコーディネートを行なっている。2023年春、10年暮らした出雲から沖縄へ拠点を移し「琉球弧の聖なる石」をテーマに取材を続けている。ザ・ロックツアー「沖縄の聖なる石を訪ねる」を主催。著書に『VOICE OF STONE～聖なる石に出会う旅』（新紀元社）、『日本の巨石～イワクラの世界』（Parade Books）、『日本石巡礼』（日本経済新聞出版社）、『世界石巡礼』（日本経済新聞出版社）、『日本の聖なる石を訪ねて』（祥伝社）、『石の聲を聴け』（方丈堂出版）。安諸定男氏との共著に「日本庭園は夢のと心 安諸定男の作庭記」（石文社）などがある。季刊「庭」（建築資料研究所）に「磐座探訪」を連載中。
世界石巡礼ブログ：https://voiceofstone.blogspot.com/

古代は麻よりマコモが重要だった?!

あの世飛行士《木内鶴彦》
隕石落下と古代イワクラ文明への超フライト

第一刷　2018年9月30日
第二刷　2025年1月31日

著者　木内鶴彦
佐々木久裕
須田郡司

発行人　石井健資
発行所　株式会社ヒカルランド
〒162-0821　東京都新宿区津久戸町3-11　TH1ビル6F
電話　03-6265-0852　ファックス　03-6265-0853
http://www.hikaruland.co.jp　info@hikaruland.co.jp
振替　00180-8-496587
本文・カバー・製本　中央精版印刷株式会社
DTP　株式会社キャップス
編集担当　高島敏子

ISBN978-4-86471-656-7

「太古の水」は、彗星捜索家の木内鶴彦さんが、地球誕生の頃の命を育む水を再現しようとして開発したものです。その活力に満ちた水を使って、体の外からも働きかける化粧品や薬用クリームなどが作られています。

●基礎化粧品で整える

ローションは太古の水シリーズのトップを切って開発され、長い間愛されています。

太古の水　ローションT（150mℓ）
販売価格　2,530円（税込）
太古の水　ローションT（400mℓ）
販売価格　5,060円（税込）

さっぱりしているのに、保湿効果があるローション。洗顔後に少量をコットンに含ませて、やさしくパッティングしてください。汗をかいた時や化粧直しに、乾燥が気になる時にも。もちろん全身にも使えます。

●成分：太古の水、グリセリン、ペンチレングリコール、PCA-Na、メチルパラベン、クエン酸Na、トウモロコシグリコーゲン、DPG、リゾレシチン、クエン酸、ヒアルロン酸Na

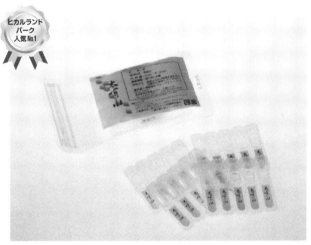

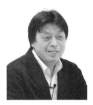

本といっしょに楽しむ イッテル♥ Goods&Life ヒカルランド

酸化防止！
食品も身体も劣化を防ぐウルトラプレート

プレートから、もこっふわっとパワーが出る

「もこふわっと　宇宙の氣導引プレート」は、宇宙直列の秘密の周波数（量子ＨＡＤＯ）を実現したセラミックプレートです。発酵、熟成、痛みを和らげるなど、さまざまな場面でご利用いただけます。ミトコンドリアの活動燃料である水素イオンと電子を体内に引き込み、人々の健康に寄与し、飲料水、調理水に波動転写したり、動物の飲み水、植物の成長にも同様に作用します。本製品は航空用グレードアルミニウムを使用し、オルゴンパワーを発揮する設計になっています。これにより免疫力を中庸に保つよう促します（免疫は高くても低くても良くない）。また本製品は強い量子ＨＡＤＯを360度5メートル球内に渡って発振しており、すべての生命活動パフォーマンスをアップさせます。この量子ＨＡＤＯは、宇宙直列の秘密の周波数であり、ここが従来型のセラミックプレートと大きく違う特徴となります。

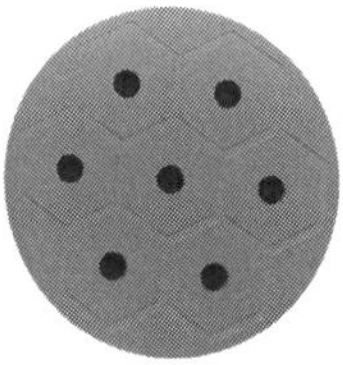

軽い！ 小さい！

持ち運び楽々小型版！

もこふわっと
宇宙の氣導引プレート

39,600円（税込）

サイズ・重量：直径約 12㎝　約 86g

ネックレスとして常に身につけておくことができます♪

みにふわっと

29,700円（税込）

サイズ・重量：直径約 4㎝　約 8g

素材：もこふわっとセラミックス

使用上の注意：直火での使用及びアルカリ性の食品や製品が直接触れる状態での使用は、製品の性能を著しく損ないますので使用しないでください。

ご注文はヒカルランドパークまで TEL03-5225-2671　https://www.hikaruland.co.jp/

＊ご案内の価格、その他情報は発行日時点のものとなります。

【波動測定の仕方】

① 身に着けている波動グッズや貴金属を外す

② 測定したいグッズを用意する。
複数ある場合は測定しない方のグッズを波動チェッカーからなるべく離してください

③ 紐の長さは任意、利き手の人差し指と親指に紐をかけ写真の様な振り子と三角形を作ります

④ 対象物から１センチ以上離してかざしてください

⑤ 振り子が揺れないスピードでゆっくりと前後左右上下してみましょう

⑥ 何かしら自らの動きと違和感を感じる場所を探します

⑦ 動かす範囲を広げても特に何も感じない場合はあなたとグッズの相性が良くないか、その製品にはパワーが無い、又は弱いのかも知れません

トシマクマヤコンのふしぎ波動チェッカー

クリスタル

18,000円（税込）

本体：[クリスタル]クリスタル硝子
紐：ポリエステル

ブルー

19,000円（税込）

本体：[ブルー]ホタル硝子
紐：ポリエステル

ご注文はヒカルランドパークまで TEL03-5225-2671　https://www.hikaruland.co.jp/

＊ご案内の価格、その他情報は発行日時点のものとなります。

波動が出ているかチェックできる！

もこふわっとを制作したトシマクマヤコンが作成した不思議な波動測定グッズ！

波動ネックレスとしてお出かけのお供に！
波動チェッカーとして気になるアイテムを波動測定！

あなたの推しアイテム、
本当にどれくらいのパワーを秘めているのか気になりませんか？
見た目や値段、デザイン、人気度だけで選んでしまっていませんか？
買ったあとに、「これで良かったのかな？」と
後悔してしまうことはありませんか？

そんな時こそ、このふしぎな波動チェッカーの出番です。

チェッカーをアイテムにかざすだけで、あなたに答えてくれます。波動チェッカーが元気よく反応すれば、そのアイテムはあなたが求めているパワーを持っている証拠です。

パワーグッズを購入する前に、まずこのチェッカーで試してみましょう！

植物や鉱物、食品など、さまざまなものを測定することで、新たな発見があるかもしれません。

八ヶ岳の魔女メイさんも注目のアイテムです。

見た目も可愛いふしぎ波動チェッカー。

ヒカルランドスタッフ内でも大人気。

量子加工がされていて、波動の出ているものに近づけると磁石の同じ極を近づけた時のように反発します。

首にかけていれば運気 UP が期待できるアイテムです♪

波動が出ているものに近づけると反発

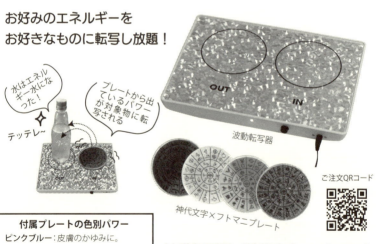

イチオシ! AWG ORIGIN®

電極パットを背中と腰につけて寝るだけ。生体細胞を傷つけない69種類の安全な周波数を体内に流すことで、体内の電子の流れを整え、生命力を高めます。体に蓄積した不要なものを排出して、代謝アップに期待！ 体内のソマチッドが喜びます。

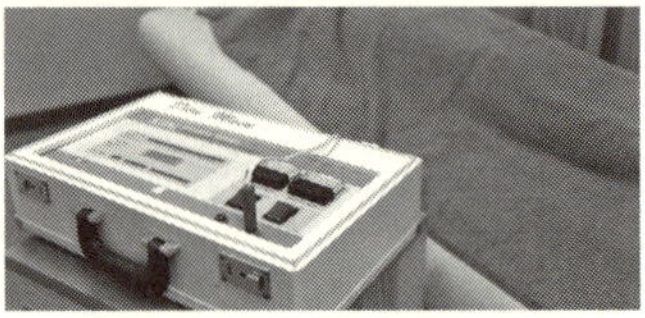

A. 血液ハピハピ&毒素バイバイコース
（60分）8,000円

B. 免疫 POWER UP バリバリコース
（60分）8,000円

C. 血液ハピハピ&毒素バイバイ＋
免疫 POWER UP バリバリコース
（120分）16,000円

D. 脳力解放「ブレインオン」併用コース
（60分）12,000円

E. AWG ORIGIN®プレミアムコース
（9回）55,000円
（60分×9回）各回8,000円

プレミアムメニュー

①血液ハピハピ&毒素バイバイコース
②免疫 POWER UP バリバリコース
③お腹元気コース
④身体中サラサラコース
⑤毒素やっつけコース
⑥老廃物サヨナラコース
⑦⑧⑨スペシャルコース

※2週間～1か月に1度、通っていただくことをおすすめします。

※Eはその都度のお支払いもできます。　※180分／24,000円のコースもあります。
※妊娠中・ペースメーカーをご使用の方にはご案内できません。

イチオシ! 【フォトンビーム×タイムウェーバー】

フォトンビーム開発者である小川陽吉氏によるフォトンビームセミナー動画（約15分）をご覧いただいた後、タイムウェーバーでチャクラのバランスをチェック、またはタイムウェーバーで経絡をチェック致します。

ご自身の気になる所、バランスが崩れている所にビームを3か所照射。

その後タイムウェーバーで照射後のチャクラバランスを再度チェック致します。
※追加の照射：3000円/1照射につきご注意
・ペットボトルのミネラルウォーターをお持ちいただけたらフォトンビームを照射致します。

人のエネルギー発生器ミトコンドリアを
40億倍活性化！

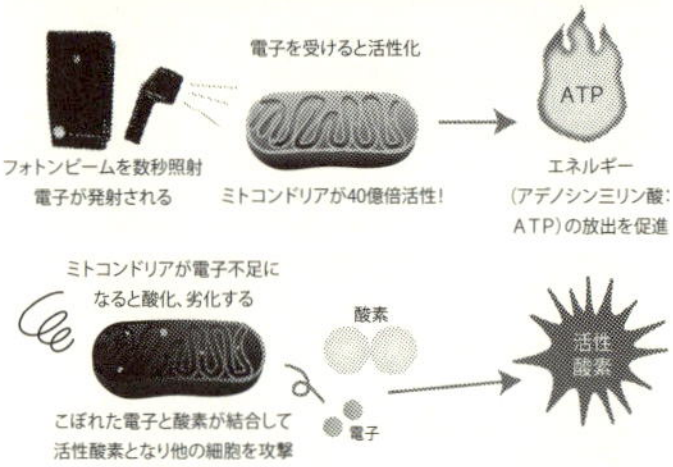

ミトコンドリアは細胞内で人の活動エネルギーを生み出しています。**フォトンビームをあてるとさらに元気になります。光子発生装置であり、酸化還元装置であるフォトンビームはミトコンドリアを数秒で40億倍活性化させます。**

3照射　18,000円（税込）　所要時間：30～40分

ヒカルランド　好評既刊！

地上の星☆ヒカルランド　銀河より届く愛と叡智の宅配便

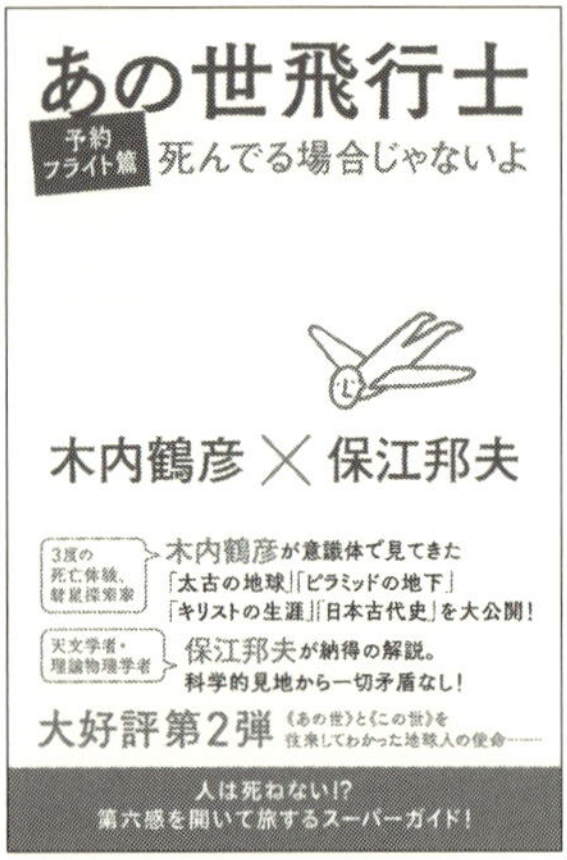

死んでる場合じゃないよ
あの世飛行士［予約フライト篇］
著者：保江邦夫／木内鶴彦
四六ソフト　本体 1,389円+税

あの世飛行士
未来への心躍るデスサーフィン
著者：木内鶴彦／保江邦夫
四六ソフト　本体 1,389円+税

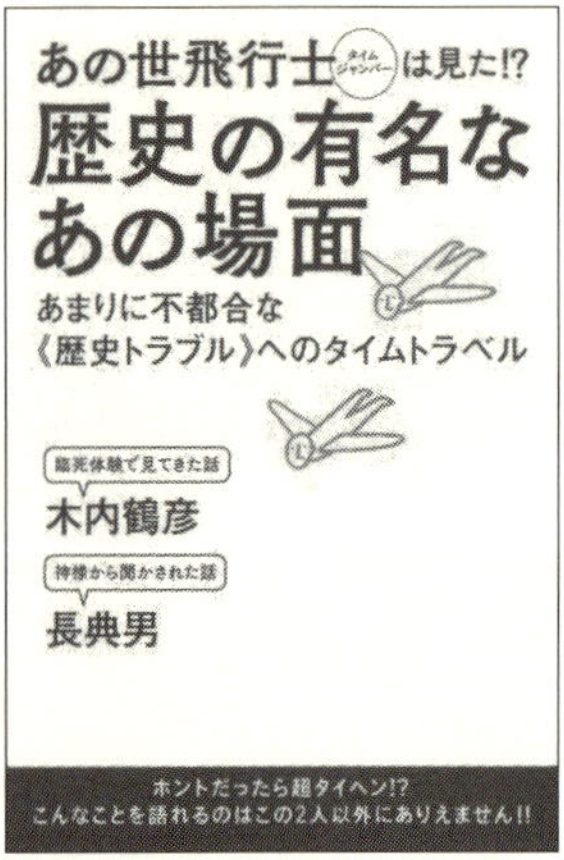

あの世飛行士（タイムジャンパー）は見た!?
歴史の有名なあの場面
著者：木内鶴彦／長 典男
四六ソフト　本体 1,750円+税

臨死体験３回で見た《２つの未来》
この世ゲームの楽しみ方と乗り超え方！
著者：木内鶴彦
四六ソフト　本体 1,750円+税

ヒカルランド　好評既刊!

地上の星☆ヒカルランド　銀河より届く愛と叡智の宅配便

らくらく5次元ライフのはじまり はじまり
国際特許内容をまるまる公開!
著者：木内鶴彦／中丸 薫
四六ハード　本体1,800円+税

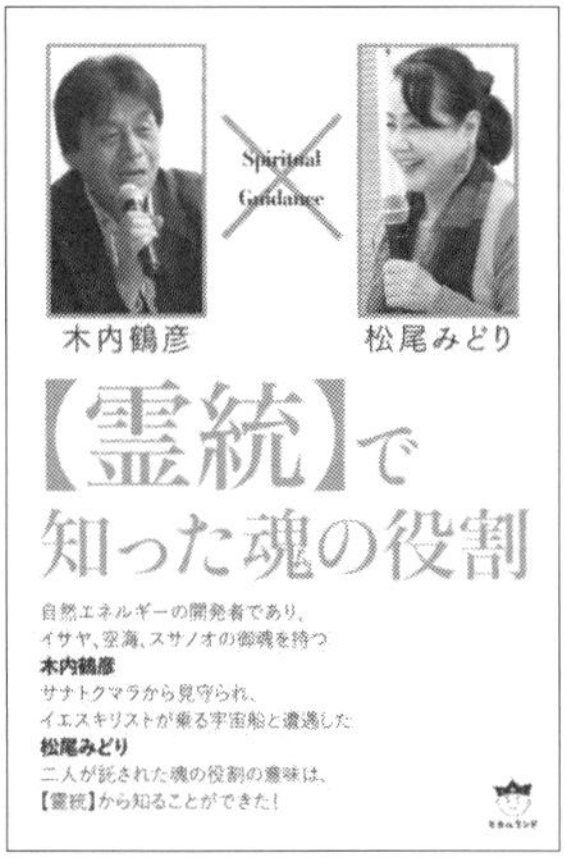

【霊統】で知った魂の役割
Spiritual Guidance
著者：木内鶴彦／松尾みどり
四六ソフト　本体 1,800円+税

3人の"イワクラ星人"が語る
巨石の謎と魅力
著者：木内鶴彦／須田郡司／飯田 勉
DVD　本体 3,300円+税

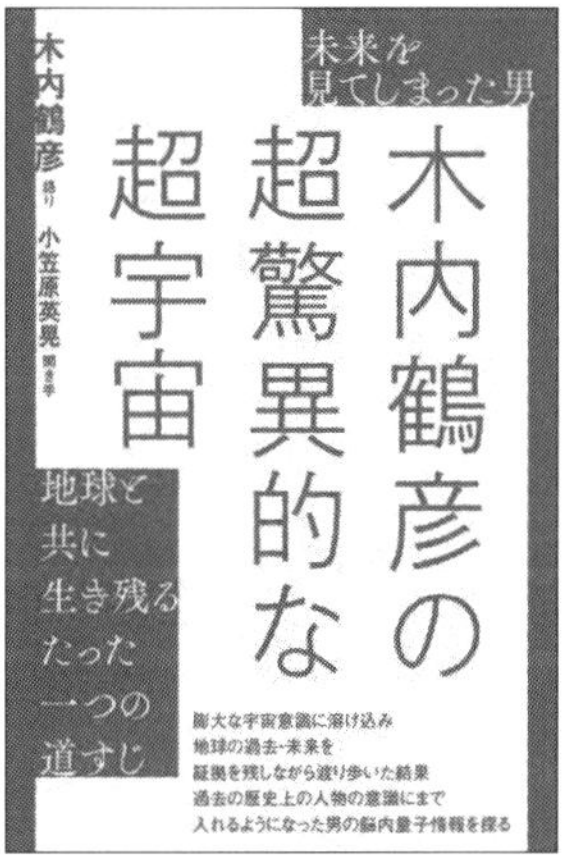

木内鶴彦の超驚異的な超宇宙
著者：木内鶴彦［語り］／小笠原英晃
［聞き手］
四六ソフト　本体 1,620円+税

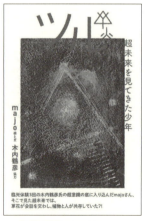

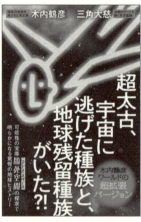

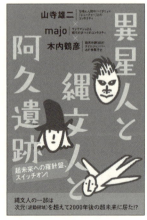